U0231445

超硬材料制备

立方氮化硼的高温高压合成及机理分析

郭晓斐　蔡立超　著

化学工业出版社

·北　京·

内容简介

本书研究了立方氮化硼在高温高压条件下的合成工艺及相变机理，通过添加不同的催化剂使立方氮化硼高温高压合成的工艺条件得到优化，采用一系列界面表征手段研究立方氮化硼催化剂层的微观结构和成分分布，获得了立方氮化硼单晶合成的直接实验证据；采用第一性原理方法获得了立方氮化硼、六方氮化硼和催化剂层物相在高温高压下的晶格常数；计算得到了各物相高温高压相变的热力学分析数据，验证了催化剂法立方氮化硼合成的高温高压相变机理。

本书可供从事超硬材料合成的科技工作者以及材料类相关专业的研究工作者阅读参考。

图书在版编目（CIP）数据

超硬材料制备：立方氮化硼的高温高压合成及机理分析 / 郭晓斐，蔡立超著. —北京：化学工业出版社，2024.7
ISBN 978-7-122-45435-5

Ⅰ. ①超… Ⅱ. ①郭… ②蔡… Ⅲ. ①超硬材料-制造-研究 Ⅳ. ①TB39

中国国家版本馆 CIP 数据核字（2024）第 074542 号

责任编辑：王　婧　杨　菁　　　文字编辑：苏红梅　师明远
责任校对：宋　玮　　　　　　　　装帧设计：张　辉

出版发行：化学工业出版社
　　　　　（北京市东城区青年湖南街 13 号　邮政编码 100011）
印　　装：北京新华印刷有限公司
710mm×1000mm　1/16　印张 11½　字数 189 千字
2024 年 10 月北京第 1 版第 1 次印刷

购书咨询：010-64518888　　　　售后服务：010-64518899
网　　址：http://www.cip.com.cn
凡购买本书，如有缺损质量问题，本社销售中心负责调换。

定　　价：98.00 元　　　　　　　　　版权所有　违者必究

前言

　　立方氮化硼具有类金刚石结构，作为一种硬度高、稳定性好的新型晶体材料，在现代科学技术发展中其高温半导体特性、高频特性和压电特性不断体现出重要作用。目前，采用静态高温高压催化剂法合成立方氮化硼仍然是工业合成单晶的重要方法，而研究高温高压立方氮化硼单晶的催化机理对于指导工业生产优质大单晶具有重要意义。由于高温高压催化剂法单晶的合成是在密闭的腔体内进行的，难以对其合成过程进行原位检测，所以目前对立方氮化硼的合成机理仍然存在争议，而研究立方氮化硼以及催化剂中各物相在高温高压下的相变机理是揭示催化剂催化下立方氮化硼相变的关键。本书通过实验，获得了催化剂催化立方氮化硼单晶合成的直接实验证据，并结合热力学、第一性原理等理论手段验证了合成机理，对立方氮化硼单晶的生产具有一定的指导意义。

　　作者师从山东建筑大学许斌教授，许斌教授开展了超硬材料合成机理和相关技术的研究。许斌教授渊博的知识、敏锐的思维和洞察力、高度的责任心和追求科学真理的崇高品质值得我辈终身学习。特别感谢一起奋斗过的杨红梅、温振兴、吕美哲、范小红、张文、苏海通等，他们在高温高压合成实验、催化剂结构和成分测试表征、软件开发、理论计算及分析等方面给予了无私的帮助。

　　谨以此书献给所有帮助、支持我们的同行朋友们。

　　由于作者水平有限，不妥之处在所难免，敬请读者批评指正。

郭晓斐　蔡立超

2024 年 2 月于山东建筑大学

目录

第 1 章

概述

立方氮化硼（cubic boron nitride，c-BN）是继人工合成金刚石后出现的另一种新型高科技产品。c-BN 有类似于金刚石的晶体结构，但其硬度却仅次于金刚石[1-3]。c-BN 单晶具有较强的抗外界氧化能力和优良的热稳定性，在高温条件下与铁系元素的结合力较弱，因此更加适合于在高温环境下加工黑色系金属，作为磨料和刀具材料，c-BN 越来越受到工业生产的重视[4-6]。与普通磨具相比较，c-BN 磨具有耐磨性好、加工效率高、使用寿命长、加工成本低以及节能环保等优点，因此广泛应用于航空航天、军工、机床、轴承、汽车等许多行业，特别适用于不锈钢、高速钢、热敏材料等韧性大、硬度高、强度高、热导率低的材料的精密磨削加工。尤其是近年来新兴的陶瓷 c-BN 磨具，不仅具有切削力小、切削锋利、使用寿命长、生产效率高等优点，还具有可以消除表面拉应力所产生的残余应力等优点，成为磨具行业研究的热点内容之一。与此同时，随着 c-BN 高温 P-N 结的出现，作为新型的功能材料，c-BN 的高频特性、高温半导体特性和压电特性使得 c-BN 的应用领域不断扩大，不断体现出其在高新技术和经济发展中的重要作用[7-11]。

目前，静态高温高压催化剂法是合成 c-BN 的主要方法，相对金刚石而言，此方法合成出的 c-BN 单晶颗粒较小，成为制约其进一步产品开发的主要因素。因此，探索 c-BN 合成的催化机理，获得品质好的 c-BN 单晶大颗粒，对功能材料、固体物理、高压物理等学科的发展具有较高的学术研究和工程应用价值[12]。本书主要进行 c-BN 单晶催化剂层微观结构的表征，并结合热力学、动力学理论对 c-BN 的相变、形核及生长进行计算分析，从而探讨不同催化剂合成 c-BN 单晶的催化机理，为工业化 c-BN 大单晶的合成提供理论依据。

1.1 　 立方氮化硼单晶合成的发展概况

　　20 世纪 50 年代，高压学科发展迅速，高温高压合成法成为合成新型超硬材料的首要方法。1957 年，Wentorf[13]首次在高温高压条件下利用金属镁作为合成催化剂成功地合成出了具有立方结构的闪锌矿型氮化硼单晶，开创了人工合成 c-BN 的新时代。自此以后，随着高温高压合成方法的更新完善，催化剂不断推陈出新，c-BN 单晶的质量有了迅猛的发展[14-16]。1960 年，苏联高压物理研究所也随之合成出了 c-BN 单晶，并开始投入工业生产。1964年，美国通用公司首先以 Borason 为商标名首次将 c-BN 推向国际市场。与此同时，日本的三菱公司、无机材料研究所、东名金刚石株式会社等也先后进行 c-BN 单晶的合成并得到了较好的产品。

　　目前 c-BN 单晶的合成方法较多，但静态高温高压催化剂法是最常采用的方法，该方法是以六面顶压设备产生高压，以通入电流的方式使装有试样的石墨发热体间接加热产生高温，利用催化剂材料在该条件下合成单晶[17]。此外，还有静态高压直接转变法，Bundy 等[18]于 1963 年采用改进的两面顶高压装置将压力提升到 12GPa，在不使用催化剂的情况下将 h-BN（六方氮化硼）直接转化为 c-BN 单晶。这种方法产生的晶粒一般较细，多用于多晶材料，工业生产应用不够广泛。此外，工业生产 c-BN 单晶的方法还有很多，如爆炸法、溶剂热合成法、水热法、利用化学反应直接成核法等[19-22]。近年来，由于 c-BN 的诸多优异特性，许多研究者开始关注氮化硼薄膜材料的制备[23-25]。1979 年，Sokolowski[26]首次成功地采用反应性脉冲等离子体结晶法在低温低压条件下在 Si 基体上制备出了 c-BN 薄膜。由于低压气相沉积得到的薄膜杂质少、容易控制掺杂，具有良好的电学、光学和热学性质从而得到大量研究[27-31]。

　　我国于 1966 年利用高温高压法合成出了 c-BN 单晶，并在 20 世纪 70 年代后投入市场应用。一直以来，我国 c-BN 单晶的生产多使用镁系催化剂，虽然其具备操作简便、易于掌控、合成条件低等优点，但合成出的晶型较差、缺陷较多、杂质含量高且强度低、韧性差，只能作为 c-BN 单晶的初级产物，随着工业的发展该类催化剂所占的份额逐年下降。20 世纪 80 年代至 90 年代初，我国 c-BN 单晶的生产进入活跃期，并且开始合成出具有黑色、棕色、琥珀色等颜色的 c-BN 单晶，并逐渐从实验室合成向小批量生产过渡[32-35]。20 世纪 90 年代以后，我国 c-BN 单晶的研究和生产进入了一个全新的发展阶段，生产中除使用单质镁作催化剂外已经开始出现合金催化剂以及多种化合物催化剂，c-BN 单晶的品质也随之提升。尤其值得一提的是，2013 年

Nature 杂志上首次报道了田永君等人合成出了具有层片状纳米孪晶结构的多晶 c-BN 块材[36]，其维氏硬度达到 108 GPa，是商用 c-BN 单晶硬度的两倍，成为目前世界上最硬的物质，而与之相比较的人工合成的金刚石维氏硬度为 100 GPa。

1.2　高温高压催化剂法合成立方氮化硼单晶催化机理的研究

在实际的工业生产中一般采用高温高压催化剂法（catalytic HPHT synthesis）合成 c-BN 单晶，这种方法通常是以六方氮化硼（hexagonal boron nitride，h-BN）材料为 B、N 来源，利用金属或金属氮化物、硼氮化合物等催化剂的催化作用在高温高压下合成出 c-BN 单晶，其实质就是将六方结构的 BN 转变成常压下存在的立方结构的 BN[37,38]。研究 c-BN 单晶催化机理的首要问题就是解决高温高压下的相变问题。

1.2.1　基本原理

由氮化硼的相图[39]（见图 1.1）可知，在 h-BN/c-BN 平衡线上方的压强温度范围内 c-BN 处于稳定状态，h-BN 处于亚稳状态；在此平衡线下方，c-BN 处于亚稳状态，而 h-BN 处于稳定状态。

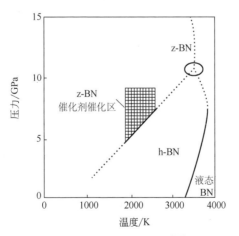

图 1.1　氮化硼的相图[39]

实验表明，在 c-BN 稳定区域和亚稳区域采用不同方法均可合成 c-BN 单晶，而处于稳定区域合成出的 c-BN 单晶是效果最好的[40,41]。图 1.1 中网格线部分即为采用催化剂在高温高压条件下能够合成出 c-BN 单晶的实验区域，此合成实验在 c-BN 稳定区域进行，在此实验范围内所得到的 c-BN 晶型较好[42]。

h-BN 和 c-BN 物理性质之所以不同，主要是由 B、N 原子在这两种晶体结构中具有不同的外层电子结构造成的。由电子结构原理可知，B、N 原子在氮化硼中的基态电子层结构是：

$$\text{B：} 1s^2 2s^2 2p^1，\quad \text{N：} 1s^2 2s^2 2p^3$$

在 h-BN 中，B 原子的外层电子状态为 $sp^2 + p_z^0$，而 N 原子则为 $sp^2 + 2p_z^2$。B（或 N）原子以 sp^2 杂化方式与相邻的三个 N（或 B）原子分别形成三个共价键，即 σ 键，形成具有正六边形的平层结构。每个原子中还存在一个未参加杂化的 $2p_z$ 轨道，这些轨道之间互相平行，垂直于 sp^2 杂化轨道构成的平面，形成了具有金属性质的 π 键（如图 1.2 所示）。而在 c-BN 单晶结构中，每个 B 和 N 则都以 sp^3 杂化轨道与周围其它原子形成共价单键，从而构成正四面体。由于 c-BN 单晶中所有价电子都参与了共价键的形成，晶体中 B、N 原子没有可以自由转移的电子，因此 c-BN 单晶具有较高的硬度。

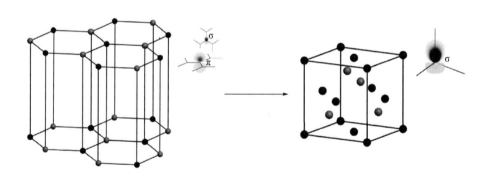

图 1.2　h-BN 和 c-BN 的晶体

因此，两者相比较，明显 c-BN 结构中的 B 原子外层轨道中多了一个电子，而 N 原子却少了一个电子。由此推测，只要具备一定的条件，促成电子从 N 原子转移到 B 原子上，就可以实现六方到立方的晶体转变，这也是人工合成 c-BN 单晶的理论基础。

1.2.2　高温高压合成立方氮化硼催化剂催化作用的研究

高温高压催化剂法合成 c-BN 单晶的实质就是将具有类石墨结构的

$sp^2\pi$ 转变为 sp^3 的类金刚石结构。近年来，国内外的研究者对 c-BN 单晶合成的催化机理进行了深入的研究[18,22,43-52]。但由于氮化硼的高温高压合成是在密闭的腔体内进行的，因此难以实现 c-BN 生长过程的原位在线检测。在此基础上，对 c-BN 单晶的催化机理研究主要沿用金刚石的催化机理[53-56]，但相对于金刚石合成而言，由 B、N 两种元素组成的氮化硼比仅由一种元素碳构成的金刚石结构变化更加复杂。目前比较公认的有固相转变和溶剂析出理论等理论模型，这些模型在一定程度上阐述了 c-BN 单晶合成的催化机理。

（1）有催化剂参与的固相转变理论

固相转变理论认为在 h-BN 向 c-BN 的转变中，B 和 N 原子无须断键解体，只需在催化剂的作用下进行简单的形变即可。苟清泉[55]提出了在催化剂作用下石墨向金刚石转变的著名的"结构对应理论"，在此基础上徐晓伟[50]结合实验结果提出了 h-BN 向 c-BN 的转变要经过转动和滑移两个步骤，即六方相中间层绕其中心轴旋转 60°角，使其上下层的异种原子对准改为同种原子对准，然后进行滑移从而变成立方相。

高温高压下，h-BN 晶体上下两层中位置相对的 B、N 原子，其间距一旦缩短到足以相互作用的范围内，B 原子外层的 $2p_z$ 电子空轨道便会夺取 N 原子的一个 $2p_z$ 电子来完成 sp^3 杂化，与此同时，N 原子由于失去了一个 $2p_z$ 电子，也完成了 sp^3 杂化，由此，h-BN 整体转化为 c-BN。在此过程中，催化剂的参与使得转化变得更加容易。静态催化剂法合成 c-BN 单晶常用的催化剂材料是碱金属、碱土金属以及它们的氮化物等，比如 Al、Mg、Li 等，这些催化剂的共同特点是它们容易失去外层电子。在高温高压条件下，h-BN 结构中的 B 原子可以容易地从熔融催化剂金属里面"借来"一个自由电子而发生结构变化，而同层中与之相连接的 N 原子在 B 原子的影响下结构也要发生相应变化，同时释放出一个电子给予催化剂金属。由此，与熔融催化剂金属相接触的那一层 h-BN 结构被转变为具有立方相的结构从而形成 c-BN 生长基元，随着合成的不断进行，这些基元相互聚集成核，不断长大，从而形成可见的 c-BN 单晶。另外，有些过渡金属（如 Fe、Ni 等）也可以充当催化剂，但是其合成的压力和温度要稍高于碱金属催化剂[16]。

固相转变理论考虑到 h-BN 和 c-BN 在结构上的相关性，也考虑到金属催化剂在结构上有助于 c-BN 单晶的合成，并给出了直观清晰的微观结构模型，可以很好地解释许多实验现象，如结晶度较高的 h-BN 易于形成 c-BN[17,39,57]，较活泼金属催化剂更加有利于单晶合成等[58]。固相转变理论在 c-BN 单晶形核方面给出了较好的解释，但在生长机制等问题上难以给出较圆满的说明[59]。

（2）溶剂析出理论

溶剂析出理论认为 c-BN 单晶生长与一般的溶液晶体生长过程类似。在高温高压条件下，h-BN 与催化剂首先发生反应并形成催化剂中间相（如 Li_3BN_2、$Mg_3B_2N_4$、$Ca_3B_2N_4$ 等），然后六方相不断地融入熔融的催化剂中间相，逐渐形成六方相的过饱和溶液。由于 h-BN 和 c-BN 在高温高压熔融液内溶解度的差异，使得六方相不断溶解，立方相不断结晶析出[60-64]。该理论认为，催化剂在氮化硼的相变过程中起到了溶剂的作用。

溶剂析出理论采用热力学计算的方法，使得合成过程得以简化，有利于模型的建立及析晶过程的阐述，可借助热力学相关知识对 c-BN 和 h-BN 在高温熔体中的溶解度差、自由能之间的关系进行理论分析，以说明 c-BN 单晶的形核及生长机理等[65]。溶剂析出理论有着广泛的实验基础，因此得到了国际上较多的支持和认可，在 c-BN 单晶转变模型中占据主导地位。但是，溶剂析出理论不能完全解释在催化剂熔融液中六方相向立方相的转化过程，由热力学理论得出的生长机制并不能明确地解释在转变过程中微观结构的变化过程。从物理学角度来看，合成中所使用的催化剂的结构应该和立方相结构有某种对应关系，但是由于合成中所使用的催化剂在高温高压下的结构尚不明确，因此还不能从结构对应关系方向给出合理的解释。另外，一些实验现象也难以解释，如较低的合成温度下限和较高的转化率等。

总体来说，各种学说都尚未定论，可以分别解释部分实验结果，但都不能合理圆满地解释所有相关现象，各自有一定的合理性，也存在一定的局限性。因此，高温高压 c-BN 单晶催化机理的研究，尤其是催化剂结构与单晶催化的相关性研究，依然是 c-BN 单晶合成领域内一个重大的探索性课题。

1.2.3   立方氮化硼单晶合成用催化剂的研究

合成 c-BN 单晶的催化剂很多，包括碱金属和碱土金属及它们的硼化物、氮化物和硼氮化合物等[48,66-68]，一些金属或合金以及铵盐、硅、氢化锂等均可以作为合成 c-BN 单晶的催化剂[69-75]。表 1.1 列出了工业合成 c-BN 单晶常用的催化剂分类。

表 1.1　c-BN 合成中常用的催化剂分类

催化剂类型		物质名称
碱金属及碱土金属	单质	Li、Mg、Ca
	氮化物	Li_3N、Ca_3N_2、Mg_3N_2、Sr_3N_2、Ba_3N_2
	硼氮化合物	Li_3BN_2、$Ca_3B_2N_4$、$Mg_3B_2N_4$、$Sr_3B_2N_4$、$Ba_3B_2N_4$
	氟氮化合物	Ca_2NF、Mg_2NF、Mg_3NF_3
	其它	MgB_2、$LiCaBN_2$、LiH
金属单质		Sb、Sn、Pb、Ni
合金		Fe-Al、Ni-Al、Mg-Al、Ag-Cd、Si-Al、Ni-Cr、Ni-Mo
非金属类		$(NH_4)_2CO_3$、NH_4NO_3、$(NH_4)_2SO_4$、CuO、MgO
其它类		Si、Si_4N_3、AlN、H_2O

在催化剂存在的情况下采用高温高压法合成 c-BN 单晶与金刚石在催化剂作用下合成有一点不同的是，在实际合成过程中催化剂在高温高压条件下一般都与原料（通常为 h-BN 等）发生化学反应而产生中间产物，这些中间产物才是合成 c-BN 单晶的"真正"催化剂。不同的催化剂合成 c-BN 所需的温度压力条件也不相同，若有铵盐、水等参与，合成温度可稍低，但合成过程中容易产生气体从而导致设备损坏[32]；以金属单质或者合金作为催化剂时所需的合成条件较高，合成出的单晶质量相对较差，单晶粒度和转化率也难以控制。研究表明，在已探讨的各体系催化剂中，采用 Li_3N、Ca_3N_2、Mg_3N_2 合成出的 c-BN 单晶所需的温度压力条件适中，并且合成出来的 c-BN 晶型较完整、转化率高、质量好，是工业合成 c-BN 单晶的主要催化剂[22,76-78]。图 1.3 显示了几种催化剂合成 c-BN 单晶的温度、压力区间，即所谓的优质 c-BN 单晶合成的"V"形区。由于采用了金属氮化物作为催化剂，合成温度、压力条件有所降低。同时，由于氮化物比金属单质稳定，很少产生氧化物，中间相比较单一，因此合成的 c-BN 单晶中杂质含量较少，透明性好。同时，单晶对添加剂的变化较敏感[79-82]，因此通过添加不同的添加剂可以得到颜色各不相同的 c-BN 单晶[83,84]。此外，单晶的形态、力学性能、电学性质也会随添加剂的加入而发生改变[19,85,86]。近些年来，由于市场需求，粉末催化剂合成 c-BN 单晶的工艺方法得到了极大的提高，其产率、转化率、单晶完整性均取得了一定的进展。在将来的工业生产中，催化剂多样化将是 c-BN 单晶合成，尤其是单晶改性方面的一个重要方向[87]。

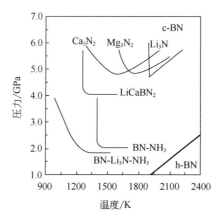

图 1.3   不同金属氮化物催化剂合成 c-BN 的 "V" 形区[87]

1.2.4   立方氮化硼单晶合成工艺的研究

研究 c-BN 单晶的合成工艺，除催化剂的选择外，主要在于讨论合成压力、升压方式、合成时间、保温时间、合成温度、原料结晶度等条件对单晶质量的影响。由于 c-BN 单晶在高温高压下生长的速度很快，而其形核对合成压力又非常敏感，因此 c-BN 单晶的形貌及内部杂质的形态极易因合成条件的变化而改变。只有在合成过程中，将合成工艺参数优选，达到最佳匹配状态，才能获得优质 c-BN 单晶。

高温高压下的相图对 c-BN 单晶的生长研究具有一定的指导作用。图 1.4 为在 4.5GPa 下 Ca-B-N 的三元体系相图[62]。从图中可以看出，c-BN 单晶的合成温度范围为 1628～2073K，在此区域内，c-BN 开始析出并且单晶长大。图 1.5 是 Mg-B-N 三元体系相图，由图可明显看出在 5.5GPa 时，在采用 Mg_3N_2 作催化剂时，c-BN 单晶的生长温度要高于 1550K。这均表明，c-BN 单晶在高压下的生长温度区间是比较窄的，其稳定生长的温度条件是苛刻的。同时，c-BN 单晶生长实验表明，这个结论对多元催化剂同样适用。在此值得强调的是，在一定压力条件下，不是温度越高越好，而是需要有一个适当的温度区间，即生长的 "V" 形区（如图 1.3 所示）。

合成 c-BN 单晶的过程实际上是 h-BN 在高温、高压作用下发生相变的过程。图 1.6 大致描述了相关实验的六方相和立方相间平衡线的结果，即高温高压合成过程中的相变的温度及压力。Fukunaga[37] 以 ZrO 为催化剂，通过高温高压合成提出相平衡线的表达式为 $P(\text{GPa})=T(℃)/465+0.79$，Vereshchagin[88] 分别以 Li 和 Li₃N 为催化剂提出该平衡线为 $P(kbar^{❶})=0.0326T(K)-18$ 和 $P(kbar)=$
$0.0316T(K)-5$。这些结果对确定立方相稳定区的高温限和低温限方面的描述存
在差别，这主要与初始原料的特性、催化剂类型的不同有关[89,90]。

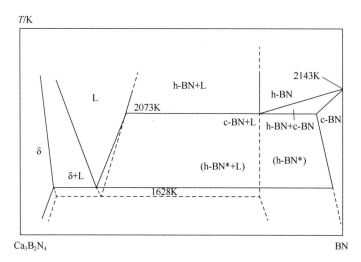

图 1.4　在 4.5GPa 下 Ca-B-N 三元体系 Ca₃N₂-BN 相图[62]

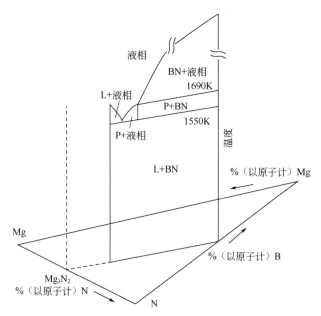

图 1.5　在 5.5GPa 下 Mg-B-N 三元体系 Mg₃N₂-BN 相图[60]

---

❶ 1bar=10⁵Pa。

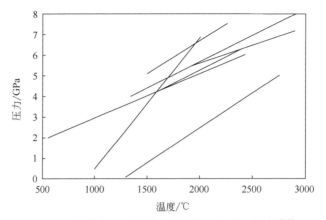

图 1.6   六方相和立方相高温高压合成平衡线[37]

1.3   催化剂层结构与单晶催化机理相关性研究

高温高压下，采用催化剂法进行 c-BN 单晶合成时，合成的 c-BN 单晶表面总是被一层几微米甚至更厚的片层状膜层所覆盖（如图 1.7 所示）。这些白色粉末与单晶无明显的界面，且有近似溶于 c-BN 单晶的痕迹。借由金刚石合成机理的研究[91-94]，此膜层应为输送 B 和 N 原子的主要通道，在此我们将此膜层称为催化剂层，它与 c-BN 单晶紧密连接，厚度约几微米到十几微米，可以带来 c-BN 单晶关于高温高压催化生长最直接的信息。高温高压下的 B 和 N 原子只有通过此金属膜层才能进行催化及单晶生长。

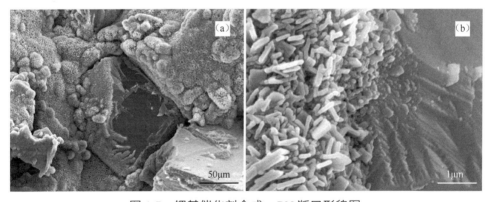

图 1.7   锂基催化剂合成 c-BN 断口形貌图

　　研究表明，与合成金刚石单晶相同，合成优质 c-BN 大颗粒单晶的温度、压力范围是很窄的，仅限于它们的"V"形区，在此区间内，催化剂熔体应存在着短程有序或中程有序的结构[95-99]。众所周知，目前还难于对高温高压合成块实施原位鉴别和表征，因此只能对合成后经"淬火"（即快速冷却）处理的界面信息加以研究和分析。然而，"淬火"后的催化剂结构一定与高温高压下的催化剂熔体存在相关性。需要说明的是，在此所讨论的催化剂微结构应为高温高压条件下催化剂中间相的微结构与催化机理的相关性。

　　研究"淬火"后的催化剂结构，有助于澄清以下问题：①表征近似溶于 c-BN 单晶表面的粉末状物质的物相结构，进而确定其与 c-BN 单晶在晶体结构上的相关性；②分层表征 c-BN 单晶/催化剂层界面以及整个催化剂层的精细结构（包括电子结构），寻找其变化规律，进而寻找催化剂催化规律，分析 c-BN 单晶生长机理。另外，虽然无法在线研究催化剂原位结构，但可以借助热力学手段合理地计算各物相之间的相互作用及生长过程。由于结构之间的相互作用是在界面上完成的，因此解决上述问题的实质是解决 c-BN 单晶与周围物相以及催化剂之间的界面问题。

　　然而，目前国内外关于 c-BN 单晶的研究大多针对于催化剂选择及合成工艺条件的改善，研究 c-BN 单晶催化机理的文献较少，而关于催化剂结构与 c-BN 单晶合成的关系等方面的报道则更少，主要原因在于试样较小、不易剥离、制样困难，再者就是由于在合成过程中所涉及的元素 Li、B 等属于原子序数较小的元素，因此难以对其展开准确的成分表征。以下就国内外对催化剂结构相关的研究现状做一阐述。

1.3.1　立方氮化硼催化剂层成分的研究

　　He 等[100]以 Si 为催化剂，以 h-BN 为原料在高温高压条件下合成出 c-BN 单晶颗粒，通过 SEM-EDXA 测试在界面层发现明显存在三个区域［如图 1.8 (a) 所示］：六方相层（标记为 H）、立方相层（标记为 C）和含硅层（标记为 S），并且观察到 c-BN 的形成区域与 h-BN 有明显的分界，而与含硅层分界不明显。并且结合图 1.8 (b) 提出，在高温高压下由于六方相和立方相在含硅催化剂层中的溶解度不同，c-BN 在生长过程中会有向已形成的单晶界面方向快速生长的趋势。

　　Sato 等[46]通过对钙基催化剂合成的 c-BN 单晶试样进行 XRD 及 EMPA 检测提出了薄层生长的机理。在 c-BN 单晶界面存在着明显的两个亚层：远离 c-BN 的六方相层以及靠近 c-BN 单晶的由立方相和 $Ca_3B_2N_4$ 等物相形成的混合层，并且随着接近于单晶颗粒，$Ca_3B_2N_4$ 的含量有增加的趋势。Fukunaga[16]分别采用 Fe-Mo-Al 和 Co-Mo-Al 为催化剂时发现立方相总是在六方相和合金界面处形成。Taniguchi 等[101]使用锂基和钡基复合催化剂合成 c-BN 时，发现单晶多聚集在合成腔壁附近的催化剂层中生长。Turkevich 等[102]在研究 AlN-BN 体系时，通过 XRD 实验得出在 c-BN 单晶表面存在的应为 AlN 催化剂和六方相的混合物。通过对细颗粒 c-BN 合成块断面形貌分析可知立方相主要分布在催化剂外侧的六方相中，在六方相中 c-BN 呈现聚集生长的特征，而在离催化剂较远处的六方相中 c-BN 的含量较少[103]。张铁臣等[44]利用钙基催化剂合成 c-BN 时在单晶表层观察到了一层薄金属膜，认为该金属膜应为六方相与催化剂相的混合物。该金属膜介于六方相和立方相之间，相当于一层过冷区，可以通过金属膜的形成吸热从而诱使 c-BN 过冷形核，c-BN 优先在六方相和 $Ca_3B_2N_4$ 接合部位择优成核。随着温度升高，c-BN 逐步析出，并通过催化剂层将其运输到已形成的单晶上逐步生长。

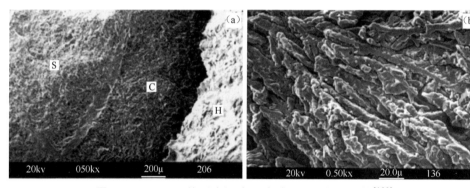

图 1.8   Si-h-BN 体系高温高压合成 c-BN 断口形貌[100]

由此看出，无论采用何种催化剂，在生成的 c-BN 单晶界面处都会存在着明显的催化剂层，研究催化剂层的结构为 c-BN 的催化机理提供了重要参考。

1.3.2   催化剂层催化作用的研究

相关文献对于催化剂层在 c-BN 单晶合成中的催化作用观点比较一致。其基本思路是，催化剂层能促使具有 $sp^2\pi$ 杂化态的 h-BN 转化成具有 sp^3 杂化态的 c-BN。在高温高压熔体中，h-BN 以 $sp^2\pi$ 溶于催化剂相中，在扩散过程中一部分 h-BN 受到催化剂相的诱导激发，从而形成具有 sp^3 态的 c-BN 单晶。单晶被催化剂层熔融液包围生长，出现 c-BN 单晶/催化剂层界面，sp^3

电子通过该界面在晶核上垒积长大[104-106]。催化剂层在 c-BN 单晶生长过程中主要起到了溶解、催化、输送 B 和 N 原子的作用，同时，还起到了调节温度和压力的作用，创造适合 c-BN 单晶生长的温度及压力条件。Eko[107]采用(Fe,Ni)-Cr-Al 和 Co-(Cr,Mo)-Al 为合金催化剂在高温高压下合成出了具有完整晶型的 c-BN 单晶。该文献认为合金催化剂在高温高压下形成液相催化剂层，在扩散过程中 h-BN 溶于该液相并形成过饱和溶液，并在此催化剂层中形成立方相。c-BN 的形核取决于其在溶液中过饱和的程度，其生长速度与该催化剂液相层向六方相扩散的速度有关。通过改变合金催化剂中的元素及含量，可以改变 BN 在合金催化剂中的溶解度及扩散速度，从而可以获得具有不同晶型的 c-BN 单晶。

目前 c-BN 单晶催化机理研究的一个重要方向就是明确合成过程中 B 和 N 的来源。催化剂层与 c-BN 单晶表面直接接触，是六方相向立方相转变的最直接部分，其中包含了 B 原子和 N 原子基团在形成 c-BN 单晶前的物相和单晶结构信息，这些信息对于探讨 c-BN 单晶的催化机理及催化剂物相在合成过程中的作用具有重要意义。因此，c-BN 单晶与催化剂层的界面微观结构及物相成分的表征，是研究催化剂物相在 c-BN 单晶合成中催化机理的重要方向[108]。

1.4　高温高压合成立方氮化硼的理论计算研究

c-BN 单晶的合成过程就是在一定条件下的相变过程。由于难以实现 c-BN 单晶高温高压条件下的原位表征，因此无法直接获得催化剂催化、结构转变以及单晶生长的相关信息。在此基础上，利用相关热力学、动力学、统计物理等基础理论计算单晶在高温高压下各参数的变化情况，为 c-BN 单晶合成及催化机理的研究提供了重要的参考依据。

1.4.1　催化剂催化作用的热力学研究

研究高温高压条件下 c-BN 单晶相变热力学，可以对催化剂相在单晶合成中的催化作用进行理论分析[109]。在一定的热力学条件下，通过控制物质进行的相变过程，使该物质所需要的状态和性质达到单晶生长所需要的条件。在外界条件（如温度、压力等）改变过程中，处理热力学中相变问题就是考虑各相的能量状态随之发生变化的情况。

从热力学角度分析催化剂在 h-BN 向 c-BN 相变过程中的催化作用，应考虑到各相（包括催化剂相）之间的能量关系，涉及到体积、压强、温度的变化，从而分析反应相和生成相之间的自由能关系。在高温高压条件下，反应的推动力是两相的自由能差 ΔG，而温度和压力是影响自由能差的主要因素。图 1.9 是 5.3GPa 下 Li-B-N 三元系相图。由图可知在此压力下，1620K 应为合成的最低温度，低于此温度时不可能出现 c-BN 液相态的稳定存在区域，而在 1620K 时熔体内存在 $Li_3BN_2 \Longleftrightarrow L+BN$ 包晶平衡，此时 c-BN 单晶以过饱和析晶的方式析出。Shipilo 等[110]利用热力学理论讨论了 h-BN 和 c-BN 化学势随温度的变化情况，由此计算了相变时的自由能变化。Turkevich[111]利用相图分析讨论了 c-BN 单晶在高温高压下的自发结晶，并就形核率及单晶生长速度进行了理论分析。Lorenz 等[112]研究了 $BN-Mg_3N_2$ 体系中 c-BN 单晶的形成，分析了反应过程中压强和温度变化对催化剂结构的影响，并提出中间相化合物 Mg_3BN_3 是随着 Mg_3N_2 的变化而出现的，认为 c-BN 单晶是从 Mg_3BN_3 和 BN 的共熔体中析出的。Fukunaga[64]结合高温高压实验利用 $LiCaBN_2$ 为催化剂，对六方相与立方相转变的相平衡线进行了合理的修订，为后续的理论计算提供了更加准确的数据参考。

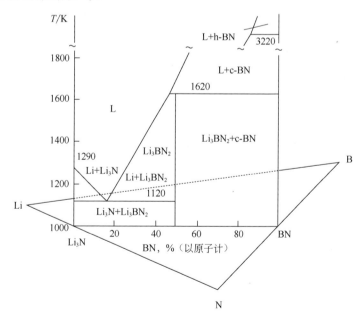

图 1.9 5.3GPa 下 Li-B-N 三元体系 Li_3N-BN 相图[113]

目前对 c-BN 的热力学分析，大都局限于高温高压条件下 h-BN 与 c-BN 进行直接相变的问题，而关于催化剂参与情况下相变的热力学计算研究甚少。分析主要原因可能在于：一是对 c-BN 单晶的催化机理尚不确定，尤其是对于催化剂如何催化 h-BN 转变为 c-BN 的过程不明确，因此在建立模型方面存在一定的困难；二是在于催化剂催化形成的中间相（如 Li_3BN_2、$Ca_3B_2N_4$、$Mg_3B_2N_4$ 等）在高温高压下的热力学数据不易获得，从而限制了相关热力学计算的研究。

1.4.2 催化剂催化作用下立方氮化硼单晶的形核理论研究

B 和 N 原子只有处在 sp^3 杂化态或易于进一步转变为 sp^3 态（类 sp^3 态）的电子结构才能生长 c-BN 单晶[114]。生长驱动力决定了晶体生长规律，晶体的各个晶面间的相对生长速度又决定了其生长形态[115]。但是，目前还不能确定这种杂化态的变化是在催化剂的作用下把六方相的 $sp^2\pi$ 态直接转变为 sp^3 态，还是通过催化剂中间相分解转变为 sp^3 态。然而，确定的是 sp^3 杂化态是通过适当的激活机制实现的[116]。也就是说，在催化剂熔体内的 B 和 N 原子，必须通过激活机制促使形成的 c-BN 晶核大于临界晶核尺寸，这样形成的晶核才能在熔体内稳定存在和持续生长。

c-BN 形核可能有多种途径，但不管是哪种途径，均可用晶粒形成后系统的自由能变化来表示。根据热力学理论，晶胚形成时引起的总的自由能变化为：

$$\Delta G = \Delta G_V + \Delta G_s + V \Delta P \qquad (1.1)$$

式中，ΔG_V 为 h-BN 转变为 c-BN 后体积自由能的变化；ΔG_s 为体系表面自由能变化；V 表示体积；ΔP 为压力变化。以该公式为基础可以求得临界晶核半径为：

$$r^* = -\frac{10\sigma V_m}{3\Delta G_V} \qquad (1.2)$$

同样，可以得到与 c-BN 晶核相应的形核功 ΔG^*。临界晶核半径 r^* 与临界形核功 ΔG^* 的关系见图 1.10。

Sato[46]认为在 h-BN 向 c-BN 转变的过程中有两种形核机制：一种是 c-BN 在 h-BN 和熔体的界面处优先形核，另一种是均匀形核于六方相中。吉晓瑞等[65,117]采用孤立球形的形核模型计算出均匀形核过程中临界晶核半径随合成温度和压力的变化情况，并对生长速度与合成条件的关系进行了研究。在此基础上，讨论了采用化学合成 c-BN 过程中的形核和生长过程，从能量角度提出化学合成时 c-BN 的形核能要低于高温高压合成时的形核能[118]。Wang[119]采用非均匀形核计算了临界晶核半径、形核能以及相转化率随温度压力变化的情况，并对 c-BN 的形核机制进行了探讨。

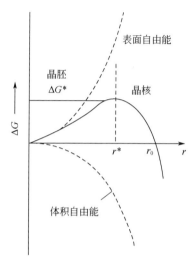

图 1.10　临界晶核半径 r^* 与临界形核功 ΔG^* 的关系[115]

　　总之，高温高压条件下 c-BN 热力学和动力学的研究，对 c-BN 的催化机理提供了合理的参考依据，成为研究晶体生长的重要方法之一。

1.4.3　催化机理的模拟计算研究

　　近年来，有不少研究者引入第一性原理方法对 c-BN 和 h-BN 的电子结构以及 c-BN 的催化及生长机理进行了研究[120]，从而可以通过模拟计算的方式实现实验无法完成的工作[121-125]。Wentzcovitch 等[126,127]采用第一性原理的方法计算了基态电子结构参量以及高压条件下的带隙变化，并对 c-BN 在高压下的稳定性以及 BN、BP 的电子结构进行了模拟计算。喻亮等[79]计算了 c-BN 的电子结构和光学性质，并研究了其能带结构和光吸收系数随外压力的变化规律，为 c-BN 在超高压下的应用提供了理论依据。Ooi 等[128]利用局域密度近似（LDA）计算出 c-BN（110）的晶面能为 3.41J/m^2，并分析了氮化硼中电子的分布情况。Li 等[129]计算了掺杂了 S 元素的 c-BN 的电子结构，从理论上讨论了 S 的存在对制备 n-型半导体材料的可能性。Guerini[130]

利用赝势平面波方法建立了 h-BN（0001）/c-BN（111）界面的四种不同模型，其中最优化模型指出六方相向立方相的转变是逐步进行的，N 端表面具有最低的形成能。Lynch[131]计算了石墨、金刚石和 h-BN 晶格常数随压力的变化情况，指出 h-BN 随着压力的增加，c 轴比 a 轴的晶格常数变化更加明显。这些理论的提出，为高温高压状态下 c-BN 转变机理的进一步研究提供了更加准确可靠的理论基础。

第 2 章

实验方法与理论计算

目前，合成 c-BN 的催化剂主要有 Li_3N、Mg_3N_2 和 Ca_3N_2 三种。本研究首先对三种催化剂进行合成对比，选择适合用于优质粗颗粒 c-BN 单晶的催化剂。然后，基于选择的催化剂进行优质粗颗粒 c-BN 单晶高温高压合成工艺的优化。在此基础上系统研究锂基催化剂合成 c-BN 单晶催化剂层的组织结构，明确催化剂层不同深度处物相结构及含量分布情况，在此基础上探讨 c-BN 单晶生长的 B、N 来源和催化相。结合热力学、第一性原理等理论手段，探讨高温高压下各相之间可能的相互作用及优质粗颗粒 c-BN 单晶的生长过程。

2.1 高温高压合成实验

本书中高温高压合成 c-BN 单晶的实验使用的方法是静态高温高压催化剂法。所用高温高压设备为国产 HTDS-034HM（6×25MN）铰链式六面顶液压机，如图 2.1 所示。该设备在国内普遍使用，与国外使用较多的两面顶压机相比，具有操作简单方便、压力传递速度快、生产效率高的特点，易于实现工业化生产的普及，较为适合我国国情。

六面顶液压机的硬质合金顶锤由碳化钨高温烧结而成，可以在 4～7GPa、1600℃的高温高压条件下持续稳定工作，并且设备的控制系统操作简单方便，可以直接在触摸屏上设置高温高压合成工艺曲线并可根据实验需要随时调整各个合成工艺参数。高温高压合成时，合成压力是通过直接控制设备六个油缸内的压力来实现的，压力控制精度在±0.05MPa，控制精度较高；合成温度通过控制设备的输出功率来进行间接控制，功率控制精度在±0.1W。

图 2.1　六面顶液压机

该设备的主要技术参数见表 2.1。

表 2.1　实验用六面顶液压机技术参数

项目	规格参数
压机型号	HTDS-034HM
单缸公称推力/MN	25
工作缸直径/mm	560
工作缸最大压强/MPa	104
工作缸活塞最大行程/mm	85
开口高度/mm	155
闭口高度/mm	95
电加热功率/kVA	30～40
电动机总功率/kW	11
外形尺寸（长×宽×高）/mm	2700×2700×3150
顶锤尺寸/mm	$\phi136×105×41.5°×13×49^2$

六面顶液压机的顶锤工作原理如图 2.2 所示。合成时，随着设备电机和增压器的工作，设备六个油缸内的油压不断升高并推动活塞前进，与活塞相

连的六个硬质合金顶锤随之前进并分别挤压合成组装块的六个面，使组装块内部产生合成所需的高压；同时这六个顶锤的其中两个相对的顶锤通电，电流通过合成组装块内的加热元件，使组装块内部产生合成所需的高温。

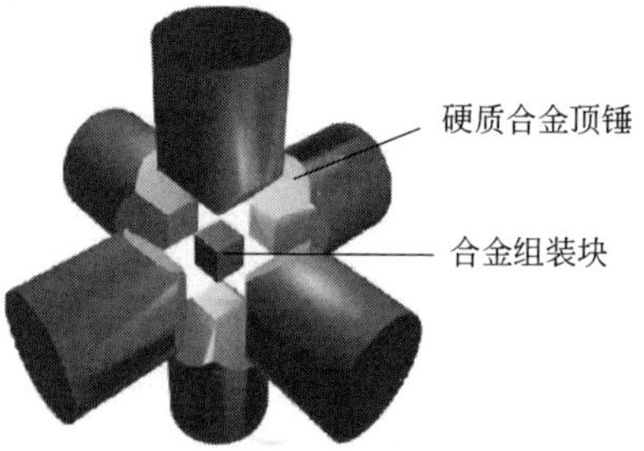

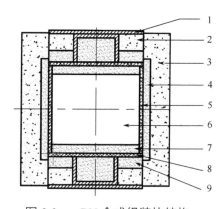

硬质合金顶锤

合金组装块

图 2.2 六面顶液压机顶锤工作原理图

实验所用六面顶液压机的单缸最大推力为 25MN，考虑到顶锤小斜边造成的 40%左右的密封压力损耗，传递到边长为 25mm 的顶锤锤面的压力仍能达到 15MN 左右，此时的压强为 6.25GPa，因此该设备完全能达到 c-BN 单晶合成所需的压强条件。

合成组装块的组成结构如图 2.3 所示。其中最外围的为叶蜡石立方块，叶蜡石块的圆形内孔中组装有加热、保温元件及 c-BN 单晶的生长场所——c-BN 合成柱。合成柱由 h-BN 和催化剂组成。由于合成时压强和温度较高，而 c-BN 合成柱中的催化剂处于熔融状态，如此高的压强下一旦密封不住，催化剂就会瞬间爆出，造成行业内俗称的"放炮"事故。"放炮"相当于 c-BN 合成柱的轻微爆炸，不仅会造成价值较高的顶锤的损坏，还容易造成安全事故。组装块最外围的叶蜡石块主要起到密封、传压的作用，是防止"放炮"发生的关键组件。组装块中的导电钢帽、石墨加热片和石墨加热管共同组成电流的通路，顶锤通电时产生 c-BN 合成所需的热量。组装块中的白云石部分主要起到保温和传压的作用。

图 2.3 c-BN 合成组装块结构

1—导电钢帽；2—叶蜡石环；3—叶蜡石块；4—白云石衬管；5—石墨加热管；

6—c-BN 合成柱；7—白云石片；8—石墨加热片；9—白云石环

2.1.1　合成组装块的尺寸

叶蜡石块在整个合成块的最外围，主要作用是高温高压合成时对整个合成块形成密封，对合成过程的安全性起决定作用，因此首先要确定叶蜡石块的尺寸。

被顶锤挤压后的叶蜡石块如图 2.4 所示。

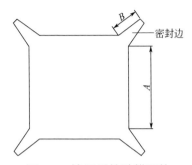

图 2.4　挤压后的叶蜡石块

叶蜡石块的尺寸，首先要考虑它的密封性，叶蜡石体积过大密封边也随之加厚会造成密封不足而产生事故，叶蜡石体积过小密封边也随之减薄，会造成密封压力过高影响顶锤寿命。根据生产中金刚石合成的经验来看，合成后的叶蜡石密封边厚度以 3.4～3.7mm 为宜。

要保证密封边厚度在一定范围内，首先要调整叶蜡石体积（$V_叶$）和六顶锤密封体积（$V_顶$）的比值 n 在一定范围内，计算公式如下：

$$V_叶 = L^3$$

$$V_顶 = A^3 + (\cos\alpha - \sin\alpha)(6A^2B + 12\cos\alpha AB^2 + 8\cos^2\alpha B^3)$$

$$n = V_叶 / V_顶$$

从而可得，

$$L = \sqrt[3]{n\left[A^3 + (\cos\alpha - \sin\alpha)(6A^2B + 12\cos\alpha AB^2 + 8\cos^2\alpha B^3)\right]}$$

式中，L 为叶蜡石块边长；A 为顶锤面边长，49mm；B 为小斜边长度，13mm；α 为顶锤小斜面角度，41.5°。n 的取值范围一般在 1.60～1.65 之间。经计算，$n=1.60$ 时，$L=60.9$mm；$n=1.65$ 时，$L=61.5$mm。考虑到合成的安全性，最终确定叶蜡石块的边长为 61.0mm。

根据工业金刚石单晶的合成经验，边长 46～72mm 的叶蜡石块最薄处需在 7.5mm 以上方能具有良好的密封性能，因此边长 61.0mm 的叶蜡石块内孔直径小于 46.0mm 方可。考虑到粗颗粒 c-BN 单晶有可能会需要更长的

合成时间，为保证充分的安全性和实验需求，将叶蜡石块的内孔确定为
40.0mm。

在保证叶蜡石块密封效果的同时，还要考虑到它的保温性能和传压性
能，为此，在叶蜡石块内孔中复合了白云石衬管。白云石保温性能要优于叶
蜡石，同时在高温时可分解出一部分气体导致体积膨胀，可提高保温及传压
性能。根据叶蜡石块的壁厚情况，白云石衬管的厚度一般在 3.5～5.0mm 之
间，叶蜡石块壁越厚，白云石衬管的厚度也越厚。考虑到叶蜡石块壁厚较厚，
具有充分的安全性能，因此将白云石衬管厚度确定为 5.0mm。同时考虑到
叶蜡石块两端的密封性能，白云石衬管高度确定为 43.0mm。这样叶蜡石块
两端各有9mm 的密封厚度，可保证足够的密封性能和保温性能。

叶蜡石块的尺寸确定后，在保证组装间隙的前提下，合成组装块其它
组件的尺寸即可推导出。最终合成组装块各组件的尺寸见表 2.2。

表 2.2　合成组装块各组件尺寸

名称	尺寸/mm
叶蜡石块	$61^3 \times \phi40$
导电钢帽	$\phi38 \times \phi22 \times 12$
叶蜡石环	$\phi40 \times \phi22 \times 7.5$
白云石环	$\phi40 \times \phi22 \times 5.5$
石墨加热片	$\phi40 \times 0.8$
石墨加热管	$\phi40 \times \phi38.2 \times 36.4$
白云石片	$\phi38 \times 2$
c-BN 合成柱	$\phi38 \times 29$

2.1.2　合成组装块的制备

为保证合成实验的可控及可靠性，实验所用合成块包括叶蜡石块、合
成芯柱在内的全套配件全部为自制。生产工艺如下：

（1）叶蜡石块

由于天然的叶蜡石成分均匀性较差，如果直接机加工成型的话会造成
叶蜡石块的成分不均匀，影响合成的密封性能，因此需要先将叶蜡石进行破
碎，破碎成三种粒度的颗粒料后再进行使用。这三种粒度的颗粒料分别为
12～20 目的粗料、20～50 目的中料和 50 目以上的细料。粗、中、细料的质
量配比为 4∶4∶2。首先按照配比称取一定的颗粒料进行配料，然后将粗料
和中料倒入混料机混合一定时间，混合均匀后加入黏结剂再混合一定的时

间，最后边混合边均匀地加入细料。这样混料的目的是使细料包裹住粗料和中料进行造粒，不仅可避免后期的粒度偏析，还有利于后期的压制成型。混料完毕，过 8 目筛进行筛分，筛分完毕装入密闭的桶中"时效处理"一定的时间。醒料完毕，在使用前取出进行晾料，晾至适于成型的干湿度为止。晾料完毕，在四柱液压机上复合白云石衬管并压制成型。最后将压制成型的叶蜡石块放入烘箱进行 20h 左右的焙烧，最高焙烧温度为 300℃，以充分烘干产品中的水分，防止合成时"放气炮"现象的发生。焙烧完毕以最短的时间进行检验并真空包装，避免产品过多吸收空气中的水分。

（2）叶蜡石环、白云石环

叶蜡石环和白云石环生产工艺基本相同，只是所用原材料不同。叶蜡石环所用原料为叶蜡石的中料和细料，白云石环所用原料为 100 目以上的白云石粉料。首先根据工艺要求将原材料按比例配好，倒入碾轮混料机中进行混合，混合过程中加入黏结剂水玻璃。混完后出料并筛分，筛分完毕倒入二维混料机中，再加入脱模剂硬脂酸锌并混合。混合完毕后进行筛分，然后装入周转桶中放置一定的时间进行醒料，醒料完毕采用自动成型压机压制成型，得到不同规格的产品，最后将产品放入烘箱于 300℃左右焙烧去除水分，得到成品。

（3）导电钢帽

首先分别将 1.0mm 和 1.5mm 厚的低碳钢板于深喉冲床冲压，得到两种圆形钢片，再使用冲床将 1.5mm 厚的钢片拉伸成钢碗，拉伸完毕后，将钢碗于自动车床进行车边处理，加工至规定高度，然后将钢碗、钢片倒入混合机再加入锯末进行表面清洗去除油污，最后将钢片与钢碗进行焊接，焊接完毕于冲床向钢碗中填入白云石填芯，得到堵头成品，将产品放入烘箱于 130℃左右焙烧去除水分，检验合格后真空包装待用。

（4）石墨加热管

为便于装模压制，使用的原材料是 0.2mm 厚的石墨板材。首先将石墨板材裁切成条状，然后对裁切后的石墨条进行称重，偏轻或偏重的都剔除不用。称重的主要目的是保证石墨管的质量稳定，从而合成时的电阻变化较小，在同样的合成功率下块与块之间的温度一致性会比较好。称重完毕将石墨条缠到模具芯轴上进行手工压制，压制完毕再放入烘箱进行干燥去除水分，最后检验合格后密封包装待用。

（5）石墨加热片

此处使用的原材料是 1.2mm 厚的石墨板材。石墨加热片的生产流程较为简单，直接使用冲床冲压成型即可。冲压完毕进行称重，剔除偏轻或偏重的产品，然后放入烘箱进行干燥处理，最后检验合格后密封包装待用。

（6）c-BN 合成柱

c-BN 合成柱是合成组装块的核心部分，是生长 c-BN 单晶的场所，它的制备质量好坏直接决定了生长出的 c-BN 单晶的质量，因此它的生产工艺流程须严格控制。由于所用催化剂极易和空气中的水分发生反应，故所有工序都需要在干燥的空间进行操作。合成柱由 h-BN 和催化剂组成，不同配方的合成柱会采用不同的 h-BN 和催化剂。首先将 h-BN 和催化剂按照一定的比例进行配料，配料完毕要采用真空混料机进行混料。由于 h-BN 粒度较细，堆积密度较低，直接压制的话不易成型，须先对混好的料进行造粒处理。遇到不好成型的料，甚至要进行多次造粒。造粒完毕进行压制成型。由于催化剂不能在空气中长时间暴露，因此须使用真空烘箱进行烘干处理。烘干处理完毕及时真空包装，合成上机前再打开装入合成组装块中使用。

2.2　立方氮化硼催化剂层物相结构的表征

对高温高压合成后的 c-BN 合成块进行断口形貌分析，并对立方氮化硼晶体界面处的物相进行分析，旨在探讨保留高温高压信息的催化剂层在立方氮化硼晶体转化过程中的作用。使用的分析方法有扫描电子显微镜（SEM）、X 射线衍射（XRD）、透射电镜显微镜（TEM）、高分辨率透射电镜（HRTEM）和原子力显微镜（AFM）。

2.2.1　合成块断口形貌及单晶的 SEM 分析

将高温高压合成后的 c-BN 合成块横向断开，将断面喷金后用 JSM-6380LA 型扫描电镜观察，分析锂基催化剂合成的合成块断口及界面形貌。设备加速电压为 0.5～30kV，电子束流为 10^{-13}～10^{-9}A。将合成块采用 KOH 熔碱煮沸 1～2h 后，再用王水（浓硝酸与浓盐酸体积比为 1∶3）或 $HClO_4$ 溶液煮沸 1～2h，以去除 c-BN 单晶表面的石墨粉和白云石，后反复用水冲洗，用 JSM-6380LA 型扫描电镜观察 c-BN 单晶表面微观形貌特征。

2.2.2　立方氮化硼催化剂层物相结构的 XRD 分析

采用锂基催化剂合成的 c-BN 单晶呈琥珀色，其催化剂层为白色粉末颗粒。在体视显微镜下，沿 c-BN 单晶基体垂直向外依次分层取样。将在 c-BN 单晶上所取粉末试样依据距离单晶的远近分为外层、中间层及内层，每层取样厚度约为 10μm。用 D-8 Advance 型阳极转靶 X 射线衍射仪对所取试样进行分析。采用 Cu 靶 K_α 辐射源，加速电压为 40kV，设备电流为 100mA，扫描速度为 4°/min，扫描范围为 10°～80°。

2.2.3　立方氮化硼/催化剂层界面的 TEM 分析

借助于体视显微镜在合成块中仔细挑选表面均匀覆盖有白色催化剂层的 c-BN 单晶颗粒。利用环氧树脂将这些颗粒固定在 ϕ3mm 的铜网或钨网上，然后将其放置在 GL-69D 型离子减薄仪上进行离子减薄，直至减薄到透射电镜观察所需的厚度。利用 Philips CM-30 型透射电镜（TEM）分析高温高压处理后的催化剂层与 c-BN 单晶界面的微观结构，采用选区电子衍射（SAD）确定界面处不同部位的物相结构。实验中透射电镜加速电压为 120kV。

2.2.4　立方氮化硼催化剂层物相结构的 HRTEM 分析

采用 JEOL JEM-2010F 型高分辨透射电镜（HRTEM）对 c-BN/催化剂层界面、催化剂层的物相结构进行观察，实验中设备加速电压为 200kV。

2.2.5　立方氮化硼晶面的 AFM 分析

将经充分碱洗、水洗的 c-BN 单晶颗粒放在涂有胶水的玻璃片上固定，用 Molecular Imaging 公司生产的 Bruker 3D 型原子力显微镜进行单晶表面形貌观察。扫描范围不大于 20μm×20μm，探针直径小于 10nm，接触力为 10～20nN。

2.3　立方氮化硼/催化剂层界面电子结构的表征

此部分利用 X 射线光电子能谱（XPS）、俄歇电子能谱（AES）、电子能量损失谱（EELS）对 c-BN 单晶/催化剂层界面的不同区域进行扫描分析，探讨 c-BN 催化剂层不同位置处 B、N 原子价电子的状态并进行定性及定量分析。

2.3.1   立方氮化硼/催化剂层界面的 XPS 分析

利用 X 射线光电子能谱（XPS）可以检测元素原子在价带谱上的谱峰和谱形，可以通过测定内壳层电子能级谱的化学位移判断物质的化学态变化，并结合谱线强度对元素含量进行定量分析。采用 XPS 可以对 c-BN 催化剂层不同位置处 B、N 原子价电子的状态进行定性及定量分析，并确定界面中 sp^2 及 sp^3 相对含量的变化。

利用 PHI-5000 Versa Probe 型光电子能谱仪对 c-BN 单晶/催化剂层界面进行检测，以 Al K_α（hv=1486.6eV）作为激发源，束斑直径为 200μm，本底真空度为 $10^{-8} \sim 10^{-9}$Pa，扫描步长为 0.2eV。先对样品进行全谱扫描，全扫描通能设为 50eV，然后对特定元素进行窄谱扫描，窄扫描通能为 20eV，步长为 0.05eV。利用 4keV 的氩离子对样品表面先溅射约 15min，以减少表面污染元素的影响和除掉氧化层。沿垂直单晶表面方向以氩离子进行溅射刻蚀，刻蚀速度大约为 100nm/min。测试过程中的 XPS 谱线由样品中存在的 C_{1s}（285.0eV）进行谱图校正，溅射后的 XPS 谱线用 Ar $2p_{3/2}$ 消除荷电效应。XPS 谱图分析时采用 shirley 方法扣除本底，以 Gauss/Lorenz 混合型函数进行峰型拟合。

2.3.2   立方氮化硼/催化剂层界面的 AES 分析

利用俄歇电子能谱（AES）研究 B 和 N 原子在 c-BN 单晶/催化剂层界面的不同区域电子状态的变化。将经高温高压处理的 c-BN 合成块沿横断面断开，选择在催化剂与 h-BN 交界处有 c-BN 单晶的部分进行 AES 实验。将试样置于日本 ULVAC-PHI 公司生产的 PHI-700 型扫描 Auger 微探针谱仪内，从 c-BN 单晶开始经由催化剂层向外进行线扫描。采用同轴电子枪和 CMA 能量分析器，电子枪高压为 5keV，能量分辨率为 1‰，入射角为 30°，分析室真空度优于 3.9×10^{-9}Torr。采用扫描型 Ar^+ 枪进行溅射，热氧化 SiO_2/Si 为标准校样，扫描面积为 1mm×1mm，溅射速率约为 50nm/min。

2.3.3   立方氮化硼催化剂层的 EELS 分析

电子能量损失谱（electron energy loss spectrum，EELS）可以分析具有单一能量的电子在与样品相互作用后的能量分布[132-134]。图 2.5 为 NiO 的 EELS 示意图，结构信息会体现在非弹性散射强度对样品取向的依赖关系、散射的角度依赖关系上，也会以能量损失谱低损失区域或芯损失区域的精细结构形式体现出来。采用 EELS 可以对 c-BN 单晶催化剂层中不同位置处 B、N 原子价电子的状态进行定量分析，该方法采用全部为 sp^2 杂化的 h-BN 为标准样品，能够更加精确地确定界面中 sp^2 及 sp^3 相对含量的变化。

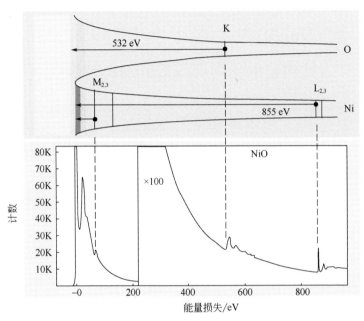

图 2.5　NiO 电子能量损失谱[133]

双窗口法是 EELS 定量分析中常用的一种背底拟合方法，它将拟合区域分成两部分，通常这两部分具有相同的宽度。图 2.6 为该方法的示例，通过对这两个区域强度下面积 I_1 和 I_2 的测量，结合标准试样即可求得试样中元素价态的相对含量[135]。

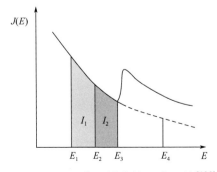

图 2.6　EELS 背景拟合的双窗口法[135]

将高温高压合成后的 c-BN 单晶催化剂层进行分层取样，与 XRD 分层制样方式相同，将在 c-BN 单晶上所取粉末试样依据距离单晶的远近分为外层、中间层及内层，每层取样厚度约为 10μm。利用 JEOL-2010F 型场发射透射电镜所配备的电子能量损失谱仪对试样进行表征，采用 0.2eV/channel（能量分布值）衍射模式，2mm 直径的能量损失谱仪收集光阑进行谱峰采集，会聚角为 1.28mrad❶，接收角为 14.77mrad，分辨率为 1.4eV。

2.3.4   立方氮化硼催化剂层的 Raman 分析

采用 Raman 可以将 h-BN 和 c-BN 在催化剂层中的结构变化信息有效地进行表征。虽然 Raman 无法对 B、N 原子的精细电子结构进行判断，但利用特征峰可以定性分析催化剂层中 h-BN 和 c-BN 的结构变化情况，以判断催化剂层在 c-BN 合成中的催化作用。

将高温高压合成后的试样断开，在断口处选择与 c-BN 单晶有明显界面的位置制成 Raman 试样。采用法国 Horiba Jobin Yvon 公司生产的 LabRam HR system 型显微共焦拉曼光谱，采用垂直照射、反射接受的方式，以氩离子激光器（Spectra Physics163-M42）为激发光源，激发波长为 532nm，对 c-BN 单晶、催化剂层不同位置进行 B 和 N 元素的分析。检测器为研究级大芯片尺寸空冷 CCD，通过 20 倍物镜聚焦于试样，照射样品的激光功率为 7mW，扫描范围为 $400\sim2000\text{cm}^{-1}$，该实验于室温常压下进行。

2.4   立方氮化硼合成的热力学计算

合成后的 c-BN 单晶催化剂层可以在试样快速冷却过程中保留较多的关于高温高压条件下 c-BN 合成的相关信息，因此，在常温常压下对合成试样的界面表征可以对高温高压条件下 c-BN 的催化机理进行合理分析。为了更加直接地反映不同的温度、压力条件下 h-BN 与 c-BN 在催化剂作用下的转变可能性，本文从热力学角度对 c-BN 单晶的催化转化过程进行了理论分析。

h-BN 向 c-BN 的相变过程计算是建立在经典的热力学判别式 $\Delta G<0$ 基础之上的[136]。根据 Gibbs 自由能定义式可知：

$$G = H - TS = U + PV - TS \qquad (2.1)$$

---

❶ 1mrad=0.001°。

当温度、压力发生变化时，

$$dG = dH - TdS - SdT$$
$$= dU + VdP + PdV - TdS - SdT \tag{2.2}$$

由热力学第一定律可知，当封闭体系只做体积功时：

$$dU = \delta Q + \delta We = \delta Q - PdV \tag{2.3}$$

由热力学第二定律定义可知：

$$dS = \frac{\delta Q_R}{T} \tag{2.4}$$

此时，式（2.2）可转化为：

$$dG = -SdT + VdP \tag{2.5}$$

自由能是与温度、压力有关的函数，其表达式为：

$$dG = (\frac{\partial G}{\partial T})_P dT + (\frac{\partial G}{\partial P})_T dP \tag{2.6}$$

当达到 c-BN 的合成温度后，h-BN 向 c-BN 转变过程变为等温压缩。由此，在等温条件下：

$$G_T^P = G_T^0 + \int_0^P VdP$$

即：

$$\Delta G_T^P = \Delta G_T^0 + \int_0^P \Delta VdP = \Delta H_T^0 - T\Delta S_T^0 + \int_0^P \Delta VdP \tag{2.7}$$

式（2.7）中，ΔG_T^0、ΔH_T^0、ΔS_T^0 分别表示温度为 T 时（压力为 1atm[❶]）反应自由能变化、焓变及熵变；ΔV 表示反应前后物质的体积变化。

高温高压下，不仅温度可以影响体积，压力对体积的影响也不可以忽略，即：

$$V = V_0 + \Delta V_T + \Delta V_P \tag{2.8}$$

式中，V_0 为物相常温（273K）常压下（1atm）的摩尔体积；ΔV_T 为摩尔体积随温度的变化；ΔV_P 为摩尔体积随压强的变化。

由此，可以将式（2.7）表示为：

$$\Delta G_T^P = \Delta G_T^0 + \int_0^P \Delta VdP$$
$$= \Delta H_T^0 - T\Delta S_T^0 + \int_0^P (V_0 + \Delta V_T + \Delta V_P)dP \tag{2.9}$$

利用式（2.9）即可求得不同温度压力条件下反应的 ΔG 变化。

---

❶ 1atm=101325Pa。

2.5   催化剂催化作用下立方氮化硼形核及生长理论分析

从热力学角度可知，固态相变成核的驱动力是生成相和母相间的 Gibbs 自由能之差，包括界面能和应变能。高温高压下合成 c-BN 单晶的过程可以认为是高温高压熔融液中 c-BN 的形核及生长过程。在热力学平衡状态下，晶体将调整自己的形状以使其自身的总界面能降低至最小，即符合 Wulff 定理[115]。Garvie[137]和 Ishihara[138]从形核原理上提出由于晶核尺寸很小，界面张力很大，以至于界面张力引起的高压使得高压相优先成核，从而成为稳定相。在高温高压合成过程中，此稳定相即为 c-BN。

2.5.1   临界晶核半径的计算

本部分在 c-BN 形核计算中采用球冠形核模型，如图 2.7 所示。该模型假定母相中存在的固体颗粒与晶核的尺寸相比很大，则其表面可以看作平面，晶核依附于该表面形成并长大。

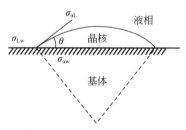

图 2.7   异质形核的原理[139]

设晶核的曲率半径为 r，晶核形成时体系总表面能的变化为：

$$\Delta G = A_{\alpha L}\sigma_{\alpha L} + A_{\alpha w}\sigma_{\alpha w} - A_{\alpha L}\sigma_{Lw} + V_{\alpha}\Delta P \qquad (2.10)$$

式（2.10）中，$A_{\alpha L}$、$A_{\alpha w}$ 分别为晶核 α 与液相 L、型壁 w 的接触面积；$\sigma_{\alpha L}$、$\sigma_{\alpha w}$、σ_{Lw} 分别为 α-L、α-w、L-w 界面的界面张力；ΔP 表示附加压强。在三相交点处表面张力应该达到平衡：

$$\sigma_{Lw} = \sigma_{\alpha L}\cos\theta + \sigma_{\alpha w} \qquad (2.11)$$

式中，θ 为晶核 α 与型壁 w 的接触角。

球冠形晶核形成时体系总的自由能变化为：

$$\Delta G = \Delta G_{\mathrm{S}} + \Delta G_{V} + V_{\alpha}\Delta P \tag{2.12}$$

式（2.12）中，ΔG_{S}、ΔG_{V} 分别代表形核时表面自由能变化和体积自由能变化；$V_{\alpha}\Delta P$ 为晶胚曲面引起的附加压力而产生的自由能变化。

其中，球冠晶核的体积为[140]：

$$V_{\alpha} = \pi r^3 (\frac{2 - 3\cos\theta + \cos^3\theta}{3}) \tag{2.13}$$

由文献可知[141]，压力变化 ΔP 可表示为：

$$\Delta P = \frac{2\sigma_{\alpha\mathrm{L}}}{r} \tag{2.14}$$

结合相关文献[76]，整理以上各式得出：

$$\Delta G(r) = (\frac{4\pi r^3 \Delta G_V}{3V_{\mathrm{m}}} + \frac{20}{3}\pi r^2 \sigma_{\alpha\mathrm{L}})(\frac{2 - 3\cos\theta + \cos^3\theta}{4}) \tag{2.15}$$

式中，ΔG_V 为摩尔体积自由能变化；V_{m} 为 c-BN 的摩尔体积；临界形核时 θ 为常数。

当 ΔG 达到最大值时，即 $\partial\Delta G(r)/\partial r = 0$，此时所对应的晶核半径即为临界晶核半径，记为 r^*。

$$r^* = -\frac{10\sigma_{\alpha\mathrm{L}}V_{\mathrm{m}}}{3\Delta G_V} \tag{2.16}$$

2.5.2　临界形核功的计算

当晶胚在临界半径形核时，系统的总自由能最高，随 r 增大，自由能降低，可以自发进行，此时所对应的能量即为临界形核功。将临界晶核半径代入式（2.15）即可求得临界形核功。

2.5.3　晶体生长速度的计算

高温高压催化剂法合成的 c-BN 颗粒具有规则的光滑晶面和较优的晶体质量，外露表面大多为低晶面指数的晶面，由此可知在高温高压下 c-BN 单晶的生长是以二维方式进行的。c-BN 单晶的生长速度可以表示为[142]：

$$v = C_{\mathrm{G}}\exp(-\frac{E_{\mathrm{D}}}{kT})(\frac{\Delta\mu}{kT})^{5/6}\exp(-\frac{\pi\gamma^2}{k\Delta\mu T}) \tag{2.17}$$

式中，C_{G} 为与温度无关的常数，其数据可通过文献查得；k 为常数；

E_D 为扩散激活能；$\Delta\mu$ 为 h-BN 和 c-BN 的自由焓差；γ 为 c-BN 与熔体的界面能。

当压强为 P、温度为 T 时，晶体的扩散激活能可以表示为：

$$E_{D(P)} = E_{D(P_0)} + V_A(P - P_0) \tag{2.18}$$

另外，自由焓差可表示为：

$$\Delta\mu = (P - P_0)\Delta V_0 + (1 - \frac{T}{T_0})\Delta h_0 \tag{2.19}$$

式中，P_0 代表标准大气压（1atm）；Δh_0 为常数，可通过资料查出。

2.6 第一性原理计算方法

分析 c-BN 单晶的合成机理，还需通过理论计算 c-BN、h-BN、催化剂等结构各晶面相关参数，分析各相之间的相互作用。利用第一性原理计算方法可计算各结构在高温高压下的晶格常数及表面能。第一性原理在分析过程中主要是基于薛定谔方程进行求解。确定出微观体系中电子的分布相关情况，且确定出对应的能量信息，从而对宏观现象和材料性能等进行解释。由于求解薛定谔方程的过程十分复杂，求解过程可进行简化处理。在实际应用中，密度泛函（DFT）理论的应用比例最高。

2.6.1 密度泛函理论

DFT 理论目前在凝聚态研究领域被广泛地应用。基于此理论对材料性能进行分析时，主要是利用电子密度进行分析，而不是波函数。采用 DFT 理论可对分析过程进行适当简化，在不影响结果的情况下提高计算效率。DFT 理论的简化方法是将有耦合的多体问题转化成无耦合的电子模型。可通过如下表达式计算确定出电子在有效势场中的运动相关势 $V_{xc}(\rho)$：

$$V_{xc}(\rho) = \frac{\delta E_{xc}(\rho)}{\delta\rho} \tag{2.20}$$

这种方法处理所得结果的精确度取决于 $V_{xc}(\rho)$ 的准确性。$V_{xc}(\rho)$ 得到后为近似值，在对其进行近似分析时，一般应用的方法为两个，分别为局域密度近似（LDA）和广义梯度近似（GGA）。对均匀的电子气体系前一种方法保持有较高的适应性。后一种方法是对前者进行改进而形成的，其中引入了电荷密度的影响项，因而其所得结果的精确度明显提高。在此研究过程中应用到了 GGA 算法。

2.6.2　赝势平面波法

薛定谔方程中的势函数在分析过程中可选择不同的方法，目前常用的为赝势平面波法。在实际分析过程中满足计算精度的基础上，通过这种方法进行分析，可显著减少实验的计算量，更好地满足效率相关要求。这种方法在分析过程中应用到超软赝势（USPP）以及投影缀加波赝势（PAW）。在实际的第一性原理相关软件中，包含了各种元素的赝势文件。其对所得结果的精确性会产生直接影响。在研究时不同的赝势条件下所得计算结果精确性也各有不同。PAW 赝势的应用比例最高，所得结果有更高的参考价值。在此研究分析时都选择 PAW 赝势。

2.6.3　VASP 软件包

基于此方法分析时，应用到 Vienna Ab-initio Simulation Package（VASP）软件包。该软件中存储有目前已知所有元素的精确赝势，所得计算结果的精度达到很高水平。在分子动力学模拟领域和材料结构计算领域，VASP 软件包的应用十分广泛。该软件包具有并行效率高、计算速度快的特点，在进行复杂体系计算时优势较为明显。

使用 VASP 软件分析过程中，需要根据相关应用要求而设置 INCAR 参数，通过对比分析确定出适宜的截断能大小。KPOINTS 文件在应用过程中需要选择适宜的 K 点数目。POSCAR 文件中存储了很多与此相关的结构信息，元素的赝势相关的信息可通过数据库进行搜索而获取。VASP 软件处理后可获得各类型输出文件，所包含信息存在一定的差异性，其中最主要的输出文件是 OUTCAR，几乎包括了所有的计算结果。

在此计算的晶体结构均具有空间周期性。在模拟计算的过程中采用建立超胞的方法，建立模型进行计算。

此书中关于第一性原理的应用主要包括：

① 根据分子动力学理论，首先计算出高温高压合成条件下 h-BN、c-BN 和 Li_3BN_2 的晶格常数。晶格常数的确定是进行表面能和相图计算的基础。晶格常数的大小不是固定的，它在不同的压力温度下会有不同的数值。c-BN

单晶合成过程中需要高温高压环境，为了保证计算结果的准确性，需要计算在 c-BN 合成所需的压力、温度条件下这三种物相的晶格常数。这部分所得结果将用于下一步的表面能计算中。

②　根据第一步中晶格常数的计算结果，建立相关模型，计算 h-BN、c-BN 和 Li_3BN_2 在合成条件下几个主要晶面的表面能。根据表面能计算结果，分析讨论表面能大小与晶体生长之间的关系，以及催化剂在晶体生长过程中可能起到的催化作用。对 c-BN 单晶生长和催化剂催化过程进行机理分析。

③　采用 PHONON、VASP 软件进行计算，确定出三种物相（h-BN、c-BN 和 Li_3BN_2）在各温度条件下自由能随压强的变化趋势，同时计算出三者发生相变时的压强、温度大小以及 c-BN 和 h-BN 共同存在时的压强、温度大小。在此基础上分析探讨 h-BN 或者 Li_3BN_2 转变为 c-BN 的趋势大小。

2.7　c-BN 单晶的力学性能测试

c-BN 单晶的力学性能主要有单颗粒静压强度和冲击韧性这两个指标。本书中针对这两个指标的测试严格按照国家标准 GB/T 6408—2018《超硬磨料　立方氮化硼》中规定的方法进行。

单颗粒静压强度指单颗粒的 c-BN 单晶在静压作用下破碎时的负荷值，单位为牛顿（N）。测定静压强度所用仪器为 LY007 型杠杆式单颗粒静压强度测试仪。静压强度测试的取样数目为 100 粒，取平均值作为最终测试结果。

冲击韧性为 c-BN 单晶按国标规定的方式冲击后的未破碎率。测定冲击韧性所用仪器为 THCY-CJ 型冲击韧性测定仪。冲击韧性测试时，冲击频率为 2000 次/min，冲击次数为 1000 次。同一试样做 3 次测试，取平均值作为最终检测结果。

第 3 章

不同催化剂合成粗颗粒 c-BN 单晶的对比实验

前期确定了合成组装块各组件的尺寸并进行了生产制备，为系统性开展高温高压合成实验打下了良好的基础。进行粗颗粒 c-BN 单晶合成工艺研究的第一步需要先确定合适的催化剂，然后在这种催化剂体系下进行进一步的工艺优化实验，最终合成出优质的粗颗粒 c-BN 单晶，同时也为后续的形貌观察和表征研究提供合格的样品。

本章选用生产上常用的 Mg_3N_2、Ca_3N_2 和 Li_3N 这三种催化剂进行高温高压合成实验对比，分别对三种催化剂进行不同添加量和不同压力、温度等高温高压合成曲线参数进行实验，最终观察哪种催化剂最适合用于粗颗粒 c-BN 单晶的合成。

本章高温高压实验的压力和功率曲线如图 3.1 所示。压力曲线为二阶段升压的形式，功率曲线为平稳分布的形式。该工艺曲线的压力在升到合成压力之前，先在较低压力处暂停一段时间，这段时间称为暂停时间。设置暂停时间的目的是让压力等待温度，待温度升至或将要升至合成温度时再将压力提升至合成压力。本书中的合成压力指的是液压表显示的设备油缸内压力。功率曲线一次性升至合成所需功率，然后保持至加热结束。

高温高压合成过程中，实际的工艺曲线可以按照设定好的曲线运行，设备稳定性和控制精度良好。在合成初期随着压力的升高，电阻线由于合成组装块内的组件挤压变形在前期有一些波动，但在合成压力稳定后基本趋于平稳。

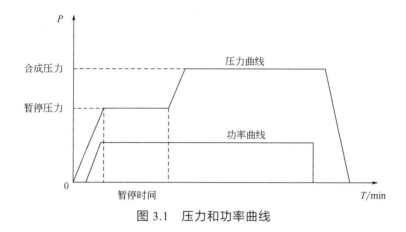

图 3.1　压力和功率曲线

3.1　Li₃N 催化剂合成粗颗粒 c-BN 单晶

Li₃N 一般为半透明晶体，计算分析确定出其分子量为 34.82，在空气湿度较高情况下，其可以结合空气中的水，转换而形成氢氧化锂，并释放出氨气。

本节在实验过程中采用 Li₃N 作为催化剂，高纯度 h-BN 作为原料，在高温高压下合成出了 c-BN 单晶。分别研究了合成功率（温度）、合成压力对粗颗粒 c-BN 单晶产量、粒度分布等合成效果的影响。

3.1.1　Li₃N+h-BN 体系中合成功率对 c-BN 合成效果的影响

采用质量比为 9：1 的 h-BN 和 Li₃N 为原料生产 c-BN 合成柱，在 96MPa 的合成压力下，分别采用 4810W、4850W、4890W、4930W 和 4970W 的功率进行了 c-BN 单晶的合成，合成时间为 10min。最终合成结果见表 3.1。

由表 3.1 可以看出：

① 合成温度不断提高过程中，其产量和转化率也明显提高，不过合成温度超出某一点后，则产量下降。由此可判断出温度对其产量和转化率影响较为明显，功率在大约 4850～4930W 区间时合成出的 c-BN 单晶产量、转化率较高；当合成功率为 4930W 时，高温高压下合成出的 c-BN 单晶具有最高的产量和转化率。

表 3.1　不同合成功率对 Li₃N+h-BN 体系 c-BN 合成效果产生的影响

合成功率/W	4810	4850	4890	4930	4970
单块产量/ct[①]	89.2	103	105.8	106	93.3
转化率/%	39.6	45.7	47.0	47.1	41.4
≥100 目/ct	8.1	11.6	18.8	13.5	10.7
100~120 目/ct	30.7	34.8	32.5	34.1	35.3
120~140 目/ct	21.5	25.8	30.7	30.3	25.2
≤140 目/ct	28.9	30.7	23.8	28.1	22.3

① ct 表示克拉，1 克拉=0.2g。

② 由 c-BN 单晶的粒度分布相关情况可发现：合成温度提高后其中≥100 目的单晶含量出现明显的变化，具体表现为先逐渐增加，在功率为 4890W 时≥100 目的含量最高；由晶体形核理论进行分析可知，温度提高后其临界形核半径也同样增加，高于 1500℃条件下对应的成核量和产量都有一定降低，偏粗颗粒占比增加。

3.1.2　Li₃N+h-BN 体系中合成压力对 c-BN 合成效果的影响

本实验按照原材料 h-BN 与催化剂 Li₃N 的质量比为 9：1 生产 c-BN 合成柱。合成功率采用粗颗粒 c-BN 含量最高的 4890W，在不同的合成压力下，采用 10min 工艺进行了高温高压合成实验，探讨了不同合成压力对合成 c-BN 单晶的产量、转化率、粒度等的影响，合成结果见表 3.2。

表 3.2　不同合成压力对 Li₃N+h-BN 体系 c-BN 合成效果产生的影响

合成压力/MPa	91	93	95	97	99
c-BN 产量/ct	81.2	97.0	105.9	118.4	121.4
转化率/%	36.1	40.0	47.1	52.6	53.9
≥100 目/ct	15.9	16.2	18.8	18.7	13.7
100~120 目/ct	37.2	41.0	27.5	33.7	33.4
120~140 目/ct	19.8	25.4	35.7	39.8	38.9
≤140 目/ct	8.3	14.4	23.9	26.2	35.4

由表 3.2 可以看出：

① 合成压力会明显地影响其合成效果。在温度参数保持不变的情况下，合成压力提高过程中，c-BN 的产量和转化率也会不断地增加。在较低

压力范围内，增加合成压力可使得产量有大幅度提高；合成压力达到一定条件后，继续增加压力对产量和转化率的影响幅度不大。

② 在合成压力较低的条件下，产量较低，不过对比分析可知其中≥100目偏粗颗粒的比例明显提高，而高压条件下其产量较高，不过这种情形下大单晶所占的比例不高。其原因在于压力提高后成核量加大。在较低的压力范围内，单晶的成核量较小、产量不高，然而其中的 B、N 源较为充足，这样可以为晶体长大提供支持，因而所得的≥100目的偏粗颗粒比例较高；合成压力高时，c-BN 成核量大，生长动力充足造成产量较高，同时也由于 B、N 源不充足，晶体不容易长大，造成粗颗粒 c-BN 单晶占比较低，偏细颗粒的 c-BN 单晶所占比例较高。

③ 对比产量与偏粗颗粒的占比，合成功率为 4890W、合成压力为 97MPa 时合成效果较好。

3.2　Ca_3N_2 催化剂合成粗颗粒 c-BN 单晶

Ca_3N_2 为六方晶系，实验测定发现其相对密度为 2.63，在空气湿度较高的情况下，其可和空气中的水发生反应而形成氢氧化钙，此外也会释放出氨气。

本节在研究过程中应用到 Ca_3N_2 作为催化剂，一定压力和温度条件下合成获得粗颗粒 c-BN 单晶。接着进行对比分析，研究了不同合成温度、合成压力与粗颗粒 c-BN 单晶产量、粒度分布的相关性。

3.2.1　Ca_3N_2+h-BN 体系中合成功率对 c-BN 合成效果的影响

本实验采用质量比为 1：9 的 Ca_3N_2 和 h-BN 作为合成原料，在 95MPa 的合成压力下，分别以不同合成功率（4810W、4850W、4890W、4930W、4970W）合成了 c-BN 单晶，合成时间为 10min，探讨了不同合成温度对合成 c-BN 单晶的产量、转化率、粒度和粒度分布的影响，结果见表 3.3。

通过表 3.3 能够发现：

① 在 4810～4970W 的范围内，随着功率的提高，单晶产量和转化率都有一定程度的降低。在该功率范围内，适当地降低功率有利于产量和转化率的提升。在体视显微镜下对所得的单晶样品进行观察分析，结果发现合成功

率为 4810W 条件下所得的样本中有连晶产生，4850W 时连晶则较少。这是因为在低温高压的情况下，c-BN 单晶成核量较高，在合成块中分布密度过高的情况下，会导致其中的小颗粒 c-BN 单晶黏结。由此分析可知在 Ca_3N_2+h-BN 合成体系下，在合成过程中适当地降低温度可使得产量和转化率有一定程度的提高，不过会对单晶质量造成不好的影响。

表 3.3　不同合成功率对 Ca_3N_2+h-BN 体系 c-BN 合成效果产生的影响

合成功率/W	4810	4850	4890	4930	4970
c-BN 产量/ct	117.2	110.1	103.2	106	99.3
转化率/%	52.2	49	46	44.2	40.2
80～140 目/ct	16.2	19.9	24.5	26.8	27.7
140～200 目/ct	35.5	34.5	32.5	24.6	21.2
200～270 目/ct	41.4	40.5	36.9	36.5	32.4
270～325 目/ct	24.1	15.3	9.3	11.2	9.0

② 由 Ca_3N_2+h-BN 体系中 c-BN 单晶的粒度分布可以看出：随着合成功率的升高，80～140 目偏粗颗粒的 c-BN 单晶比例有所增加，增加到一定程度后基本上保持平稳。其原因在于温度提高过程中，临界晶核半径变大造成 c-BN 单晶的成核量逐渐减少。当温度较低时，形核过多，造成单晶周围 B、N 源不足，单晶难以长大。在体系保持适宜的生长条件下，温度小幅度增加有利于提高 c-BN 单晶偏粗颗粒的含量。

③ 根据不同合成功率（4810W、4850W、4890W、4930W、4970W）下的产量、转化率、粒度相关变化情况，对结果进行分析可知在 Ca_3N_2+h-BN 体系条件下，压力为 95MPa、功率为 4890W 时，合成过程中对应产量和转化率较高，且其中的单晶比例较高。

3.2.2　Ca_3N_2+h-BN 体系中合成压力对 c-BN 合成效果的影响

本实验采用质量比为 1：9 的 Ca_3N_2 和 h-BN 作为合成原料生产合成柱，在功率（4890W）保持不变的条件下，改变合成压力（91～99MPa），加热时间为 10min，进行检测分析确定出合成压力对产量、转化率、粒度的影响情况，对所得结果进行处理，结果见表 3.4。

表 3.4   不同合成压力对 Ca_3N_2+h-BN 体系 c-BN 合成效果产生的影响

合成压力/MPa	91	93	95	97	99
c-BN 产量/ct	81.8	103.2	109.4	114.4	117.5
转化率/%	36.3	45.9	48.7	50.8	52.2
80～140 目/ct	19.7	24.5	24.1	15.6	11.7
140～200 目/ct	28.1	32.5	34.2	36.2	33.8
200～270 目/ct	29.5	36.8	38.0	42.3	46.4
270～325 目/ct	4.5	9.4	13.1	20.3	25.6

由表 3.4 可以看出：

① 合成压力会明显地影响 Ca_3N_2+h-BN 体系的合成效果。对所得结果进行分析可知在功率为 4890W 时，压力和 c-BN 产量存在一定正相关关系。在压力较低时，适当地提高压力后其产量和转化率都增加得很明显。不过在超过一定阈值情况下，继续增加压力，产量和转化率的增加不如之前的明显。

② 合成压力较低条件下，合成压力提高后 80～140 目偏粗颗粒的含量也增加。而处于较高的合成压力时，体系内的成核量较大，c-BN 单晶难以长大，因此随着合成压力的提高，c-BN 偏粗颗粒的占比反而有所降低。当合成压力超过 c-BN 单晶的适宜生长压力后，随着合成压力的提高，产量和转化率也有一定幅度增加，不过大部分为小颗粒单晶，偏粗颗粒的占比降低得比较明显。

③ 在该合成体系中，当合成功率为 4890W 时，在 93～95MPa 的合成压力下，可以合成出产量较高、偏粗颗粒所占比例较高的 c-BN 单晶。在实际的生产领域，为更好地满足产量和转化率相关情况，一般情况下可选择 95MPa；而为获得偏粗的 c-BN 单晶，应控制为 93MPa。

3.3 Mg_3N_2 催化剂合成粗颗粒 c-BN 单晶

Mg_3N_2 有不同颜色的晶体粉末，检测发现其分子量为 100.95，700℃ 以上会在真空中升华。在空气很潮湿情况下其可以反应而形成氢氧化镁，同时释放出氨气。

本节采用 Mg_3N_2 作为催化剂，高纯度 h-BN 作为原料，在高温高压下合成了粗颗粒 c-BN 单晶。研究了此合成体系下合成功率（温度）、合成压力对粗颗粒 c-BN 单晶产量、粒度等合成效果的影响。

3.3.1　Mg_3N_2+h-BN 体系中合成功率对 c-BN 合成效果的影响

在此研究过程中选择的材料为 Mg_3N_2 和 h-BN，在 95MPa 条件下，改变合成功率（4800W、4840W、4880W、4920W、4960W），加热时间为 10min。在此基础上进行分析确定出合成温度对其产量、转化率、粒度等的影响情况。对所得结果进行处理，具体见表 3.5。

表 3.5　不同合成功率对 Mg_3N_2+h-BN 体系 c-BN 合成效果产生的影响

合成功率/W	4800	4840	4880	4920	4960
c-BN 产量/ct	97.6	91.5	87.4	82.9	79.4
转化率/%	43.4	40.7	38.8	36.9	35.3
120～200 目/ct	26.2	29.9	34.5	36.8	37.7
200～270 目/ct	35.6	34.6	32.6	24.7	21.3
270～325 目/ct	31.4	30.5	26.9	26.5	22.4
325～400 目/ct	24.2	15.4	9.4	11.3	9.1

通过表 3.5 能够发现：

① 于 Mg_3N_2+h-BN 体系里面，在 4800～4960W 随着合成功率增加，对应的产量和转化率不断地降低。若要提高 c-BN 的产量和转化率，可适当降低合成温度。对相应的样本进行体视显微镜观测，结果发现在温度为 4800～4840W 条件下有连晶形成。分析其原因可能为偏低的合成温度造成临界成核半径小，导致成核量高，c-BN 单晶密集度高而使得其中的部分晶体结合起来。

② 具体分析其中单晶的粒度分布相关结果可知，在此过程中合成温度增加，其中的 c-BN 偏粗颗粒也不断地增加。温度处于较低水平时，提高合成温度，则偏粗颗粒的含量明显地增加。具体分析可知其原因为，温度升高后临界形核半径会增加，在低温度条件下单晶会快速形核，形核量偏大造成晶体长大较为困难。

③ 对比分析各合成功率（4800W、4840W、4880W、4920W、4960W）

下 c-BN 单晶的产量、转化率、粒度的相关结果，可知：在合适的生长温度条件下，适当地降低 Mg_3N_2+h-BN 体系的合成温度可提高产量和转化率，而适当提高温度后则其中偏粗颗粒含量会增加。在该合成体系下，压力为 95MPa、功率为 4880W 时，可以合成出产量和转化率较高、偏粗颗粒含量相对较高的 c-BN 单晶。

3.3.2 Mg_3N_2+h-BN 体系中合成压力对 c-BN 合成效果的影响

本实验采用了质量比为 1∶9 的 Mg_3N_2 和 h-BN 作为合成原料，在 4880W 的功率下，分别以不同合成压力（90MPa、92MPa、94MPa、96MPa、98MPa）合成了 c-BN 单晶，合成时间为 10min，探讨了不同合成压力对合成 c-BN 单晶的产量、转化率、粒度和粒度分布的影响，结果见表 3.6。

表 3.6   不同合成压力对 Mg_3N_2+h-BN 体系 c-BN 合成效果产生的影响

合成压力/MPa	90	92	94	96	98
c-BN 产量/ct	71.7	87.4	94.2	98.4	101.1
转化率/%	31.8	38.8	41.9	43.7	45.1
120～200 目/ct	26.4	35.8	24.1	21.4	20.9
200～270 目/ct	13.7	24.1	22.9	21.1	19.7
270～325 目/ct	22.5	23.7	26.8	29.2	29.1
325～400 目/ct	9.1	13.8	20.4	26.7	31.7

通过表 3.6 能够发现：

① 合成压力会显著地影响合成效果。对所得结果进行分析可知，在合成功率为 4880W 的情况下，压力和产量存在一定正相关关系。在压力较低时，适当地提高压力后其产量和转化率都增加得很明显。不过在超过一定阈值情况下，继续增加压力，产量和转化率的变化很缓慢。

② 合成压力较低条件下，合成压力提高后 c-BN 偏粗颗粒含量也增加。而处于较高的合成压力时，体系内的成核量较大，c-BN 单晶难以长大，因此随着合成压力的提高，c-BN 大单晶的占比有所降低。当合成压力超过 c-BN 单晶适宜的生长压力后，随着合成压力的提高，产量和转化率也有一定幅度增加，不过大部分为小颗粒单晶，偏粗颗粒的产出反而减少。

③ 当合成功率为 4880W 时，在 93～95MPa 的合成压力下，可以合成

出产量较高、偏粗颗粒所占比例较高的 c-BN 单晶。在实际的生产过程，为更好地满足产量和转化率相关情况，一般情况下可选择 95MPa；而为更多地获得偏粗颗粒的 c-BN 单晶，应控制为 94MPa。

3.4　三种催化剂合成的粗颗粒 c–BN 单晶的形貌对比

选取 Li_3N、Ca_3N_2 和 Mg_3N_2 三种催化剂合成出的粗颗粒 c-BN 单晶，使用 SEM 进行了形貌观察，具体形貌分别见图 3.2、图 3.3 和图 3.4。

采用 Li_3N+h-BN 体系，合成后所得的 c-BN 单晶为琥珀色，晶体的透明度较好，具体形貌如图 3.2 所示。单晶晶型种类较多，存在八面体、正四面体等多种晶型。单晶裸露面以（111）和（110）晶面为主，其中（111）面为三角形，（110）面为六边形。晶体表面存在一定的生长缺陷。

图 3.2　Li_3N 催化剂合成出的 c-BN 单晶

采用 Ca_3N_2+h-BN 体系，在高温高压下得到的 c-BN 为浅黄色单晶，透明度较高。由图 3.3 可以看出，晶体整体质量较 Li_3N+h-BN 体系的要差一些。单晶晶型以正四面体和截角八面体居多，晶面以三角形（111）晶面和六边形的（110）晶面居多，单晶表面缺陷较多。

采用 Mg_3N_2+h-BN 体系，在高温高压下合成的 c-BN 单晶为黑色，且不透明。图 3.4 为该体系合成出的 c-BN 单晶形貌。从图中可以看出，c-BN

单晶整体粒度偏细，晶体生长不完善，且对应的晶形不完整，出现明显的疏松区域。分析原因应与催化剂中的杂质有关。杂质相在合成过程中进入 c-BN 晶格，影响了晶体的色心，使晶体呈现出黑色。同时杂质相也造成成核量较大，导致整体粒度偏细。由于 Mg_3N_2 催化性能不高，因而所得的 c-BN 单晶尺寸较小，总体上看晶体没有充分生长，明显不完整，存在表面生长缺陷。

图 3.3　Ca_3N_2 催化剂合成出的 c-BN 单晶

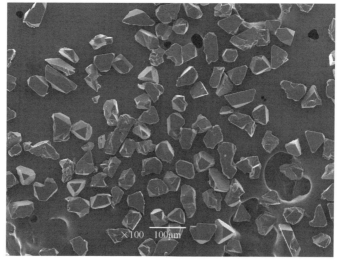

图 3.4　Mg_3N_2 催化剂合成出的 c-BN 单晶

Li$_3$N+h-BN 体系合成出的 c-BN 单晶的最粗粒度为 30～60 目，Ca$_3$N$_2$+h-BN 合成出的 c-BN 单晶最粗粒度为 80～140 目，Mg$_3$N$_2$+h-BN 合成出的 c-BN 单晶最粗粒度为 120～200 目。从 c-BN 单晶的合成质量以及粒度分布上看，这三种合成体系中，Li$_3$N+h-BN 体系最适合用于粗颗粒 c-BN 单晶的合成。

由以上实验可知，采用静态高温高压催化剂法，以 Li$_3$N、Ca$_3$N$_2$、Mg$_3$N$_2$ 为催化剂，以高纯 h-BN 为原料，在一定的温度和压力条件下合成出了 c-BN 单晶。分别研究了高温高压合成功率和合成压力对三种催化剂合成 c-BN 单晶的产量和转化率、粒度和粒度分布等合成效果的影响，并对 c-BN 单晶形貌进行了对比。

① 在一定的温度和压力区间内，调整高温高压合成工艺曲线对 c-BN 单晶的产量和转化率会有明显影响。提高单块产量和 c-BN 的转化率，可以通过适当降低合成功率，同时适当提高合成压力来实现。

② 在一定的温度和压力区间内，调整高温高压合成工艺曲线对 c-BN 单晶中偏粗颗粒的占比有明显影响。提高 c-BN 单晶的粗颗粒占比，可以通过适当提高合成功率，同时降低合成压力来实现。高温高压合成工艺曲线对 c-BN 单晶的粒度分布有较为明显的影响。对合成粗颗粒 c-BN 单晶的工艺曲线进行进一步的优化，会有更好的效果。

③ 就合成偏粗颗粒的 c-BN 单晶而言，采用三种不同碱（土）金属氮化物催化剂 Li$_3$N、Ca$_3$N$_2$、Mg$_3$N$_2$，其最佳合成功率和合成压力分别是：在 Li$_3$N+h-BN 体系中，合成功率为 4890W，合成压力为 97MPa；在 Ca$_3$N$_2$+h-BN 体系中，合成功率为 4890W，合成压力为 93～95MPa；在 Mg$_3$N$_2$+h-BN 体系中，合成功率为 4880W，合成压力为 94MPa。

④ 整体对比来看，这三种催化剂体系中，Li$_3$N+h-BN 合成体系对应的 c-BN 单晶产量和转化率更高，且单晶粒度最粗，粒度主峰值在 100～140 目，晶体颜色为透明的琥珀色，生长较为完善；采用 Ca$_3$N$_2$+h-BN 体系合成出的 c-BN 单晶，产量和转化率较低，粒度较细，粒度主峰值在 140～200 目或 200～270 目，晶体为浅黄色，晶体表面有结晶缺陷；采用 Mg$_3$N$_2$+h-BN 体系合成出的 c-BN 单晶，产量和转化率最低，粒度最细，粒度主峰值在 200～270 目或 270～325 目，颜色为黑色且不透明，晶形不完整，存在较多的表面缺陷。对比结果表明，Li$_3$N 最适合作为本书研究优质粗颗粒 c-BN 单晶的催化剂材料。

第 4 章

Li₃N 催化剂合成粗颗粒 c-BN 单晶的工艺优化

通过第 3 章的研究发现，三种催化剂中，Li₃N 合成粗颗粒 c-BN 单晶的效果最好，适合用于粗颗粒 c-BN 单晶的批量合成，但就合成结果来看，合成出的≥50 目的粗颗粒 c-BN 单晶占比较少，整体粒度仍偏细。同时，单晶的结晶质量也不理想，存在较多的表面缺陷。

从第 3 章的结论中可以看出，高温高压合成工艺曲线与 c-BN 的合成质量存在密切关系。针对 Li₃N+h-BN 合成体系，第 3 章初步研究了合成功率和合成压力对合成结果的影响，工艺曲线形式、合成时间等的影响还有待研究。另外，Li₃N 催化剂的添加量、催化剂的粒度、非自发成核的方式等对合成的影响也有待进一步研究。

4.1 Li₃N 催化剂添加量、粒度对合成效果的影响

本章在之前 Li₃N+h-BN 体系的合成研究基础上，进一步对 Li₃N 催化剂合成粗颗粒 c-BN 单晶进行催化剂添加量、催化剂粒度、添加籽晶改变成核方式以及高温高压合成工艺曲线等合成工艺进行优化，目的是合成出品质较好、粒度≥50 目、单一合成块的占比 30% 以上的粗颗粒 c-BN 单晶。同时，为下一步的形貌观察、表征研究等打下良好的基础，以利于深入开展合成机理的研究。

4.1.1　Li₃N 添加量对合成效果的影响

本实验最高使用压力为 97MPa，使用的合成功率为 4890W，合成加热时间为 10min，曲线形式与图 3.1 相同。通过采用不同质量比的 Li_3N 和 h-BN 为合成原料，实验了 Li_3N 催化剂添加量分别为 6%（质量分数）、8%（质量分数）、10%（质量分数）、12%（质量分数）、14%（质量分数）时合成 c-BN 单晶的效果，具体结果见表 4.1。

从结果可以看出：

① 随着 Li_3N 催化剂比例的增加，对应的 c-BN 单晶的转化率也持续地增加，而在加入量达到 10%（质量分数）之后，转化率增幅变小。这应该是有两个原因：1）催化剂添加的比例越多，催化剂的催化效果越好，但同时 h-BN 的比例会相应地降低。h-BN 比例低到一定程度后会造成 c-BN 单晶的 B、N 源不足，影响转化率。2）h-BN 转化为 c-BN 后体积会收缩，转化的越多体积收缩越多，这样就造成合成体系中后期的压力不足，影响了 c-BN 单晶的持续生长。

表 4.1　不同 Li₃N 添加量对 c-BN 单晶合成效果的影响

Li₃N/%（质量分数）	6	8	10	12	14
c-BN 单块产量/ct	100.2	118.5	133.9	132.3	130.9
h-BN 转化率/%	42.7	51.5	59.5	60.1	60.8
≥100 目/ct	14.7	28.1	29.6	25.1	19.7
100～120 目/ct	27.4	33.7	32.1	30.9	36.7
120～140 目/ct	19.1	16.2	20.5	22.7	17.8
≤140 目/ct	39.2	50.5	51.7	53.6	56.7

② 随着 Li_3N 催化剂比例的增加，对应的 c-BN 单块产量呈现先增加后轻微降低的趋势。加入比例为 10%（质量分数）的时候，立方氮化硼的单块产量达到峰值；之后随着 Li_3N 催化剂比例的增加，其产量有一定降低的趋势。这是因为 Li_3N 催化剂加入量越多，催化效果越好，c-BN 的转化率也越高，但 Li_3N 催化剂增加到一定程度后，体系中 h-BN 的含量过低，即使转化率再高，由于没有足够的 h-BN，整体产量也无法继续增加，甚至会有所减少。处于较低条件下二者的接触面积小，成核量小，也明显地影响产量。

③ 对 c-BN 单晶的粒度分布进行具体分析可看出，在此过程中催化剂加入量提高后≥100 目的偏粗颗粒占比出现明显变化，表现为先增大后减小。不过其中≤140 目的偏细颗粒含量不断提高。具体分析可知，出现这种

现象的原因在于，Li_3N 催化剂加入量提高后形核率显著提高，从而使得立方氮化硼产量整体增大，且其中偏粗颗粒和偏细颗粒都有一定增加；而在 Li_3N 催化剂过多情况下进行成核过程中，成核量较大，细颗粒的单晶没有长大，因而使得偏粗颗粒单晶的含量逐渐减少。

④ 整体来看，在 Li_3N 催化剂添加比例为 10%（质量分数）的情况下，对应的单块产量和偏粗颗粒含量处于最高水平，且此条件下 c-BN 单晶的转化率也较高。因此，10%（质量分数）添加量的 Li_3N 催化剂更适合粗颗粒 c-BN 单晶的合成。

4.1.2 Li_3N 粒度对合成效果的影响

本实验最高使用压力为 97MPa，最高合成功率为 4890W，合成加热时间为 10min，Li_3N 催化剂的添加量为 10%（质量分数）。使用标准筛筛分出 230～300 目、200～230 目、140～200 目、100～140 目的 Li_3N 粉末并分别作为催化剂进行了合成实验，具体实验结果见表 4.2。

表 4.2 不同 Li_3N 粒度对 c-BN 单晶合成效果的影响

Li_3N 粒度/目	c-BN 单块产量/ct	h-BN 转化率/%	≥100 目单晶/ct	100～120 目静压强度/N
230～300	125～130	55～57	30.5	25
200～230	131～134	57～59	32.6	28
140～200	121～125	53～55	36.3	30
100～140	116～121	51～53	34.2	26

由表 4.2 相关结果可发现，在 Li_3N 为 200～230 目条件下，合成过程中产量和转化率都处于最高水平。而在粒度为 230～300 目条件下，这两个指标稍低；当 Li_3N 催化剂粒度为 140～200 目或 100～140 目时，产物的产量和转化率较低。具体分析可知其原因在于，在合成条件下，由于 Li_3N 的熔点较低，会具有一定的流动性并浸润在 h-BN 的表面上。Li_3N 催化剂在分布很均匀的情况下，合成过程中可与 h-BN 更好地接触而促进形核，在反应过程中可转换而得到更多的 c-BN 单晶，这样就提高了产量，也使得转化率明显提高。具体分析可知这种类型混合是一个随机的过程，在此期间由于物料的粒度、表面特性、静电等都存在一定差异性，这样在混合时容易造成混合不均匀。在一定粒度范围的粉末类物料的混合中，颗粒偏小的原料由于接触性能好，混合反而更充分。因此，较小粒度的 Li_3N 催化剂混合均匀性有所

提高，在熔化条件下接触面积更大，催化作用也更明显，提高了转化效率，同时也使得 c-BN 的形核与长大更快。而在催化剂的粒度为 230～300 目时，会产生很明显的凝聚和静电效应，这种情况下很容易产生明显的偏析问题，而使得 Li_3N 催化剂均匀性受到明显的影响。使用 140～200 目、100～140 目的 Li_3N 催化剂时，因其颗粒度较大，和原料混合的随机性也明显增加。在此情况下合成时 c-BN 的成核量较少，产量和转化率也受到了影响。

由表 4.2 相关结果可知，在催化剂粒度增大的过程中，对应的偏粗颗粒含量也有一定幅度增加，在催化剂粒度为 140～200 目的条件下所得的偏粗颗粒 c-BN 单晶含量最高；催化剂粒度进一步增加后所得产物中偏粗颗粒的含量有一定幅度降低。具体分析可知其原因在于，基于紧密堆积原理进行分析可知，小尺寸的原料会产生团聚效应，这种情况下对应孔隙率明显增加。混合的物料中颗粒尺寸相差越大，物料的堆积密度反而会增加，孔隙率也会降低。140～200 目的 Li_3N 催化剂与 h-BN 的粒度配合较好，二者混合后堆积密度最高，同时压制成型后的 c-BN 合成柱密度也最大。在高温高压合成时，合成柱的传压效果较好，合成柱体积收缩较小，给 c-BN 单晶的生长提供了更为稳定的生长系统，最终获得的偏粗颗粒 c-BN 单晶的比例也最高。

本实验选取 100 粒 100～120 目的 c-BN 单晶测试了静压强度，取平均值后得出的静压强度结果见表 4.2。分析此表结果可知，静压强度随着 Li_3N 粒度的增大而出现明显的变化，对应的变化趋势为先升高后降低，在 Li_3N 粒度为 140～200 目时最高。

根据以上实验结果，最终选取 140～200 目的 Li_3N 作为后续实验的催化剂。

4.2　高温高压合成工艺曲线的优化

高温高压合成工艺曲线主要包括压力曲线和功率曲线。本节主要是针对这两种工艺曲线进行优化，以找到更利于合成高品质粗颗粒 c-BN 单晶的曲线形式。

4.2.1　分段升压与慢升压工艺曲线的对比优化

该实验对目前 c-BN 生产中使用的两种合成压力曲线进行对比，找到更适于合成粗颗粒 c-BN 的压力曲线。分段升压曲线和慢升压曲线分别如图 4.1 和

图 4.2 所示，二者都采用相同的 10min 功率平稳分布加热工艺进行加热。工艺 1 在暂停压力 P_1 和合成压力 P_2 之间增加了一段台阶，工艺 2 是缓慢升压。

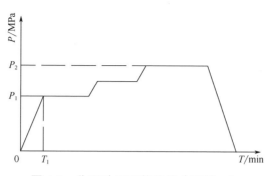

图 4.1　分段升压工艺曲线（工艺 1）

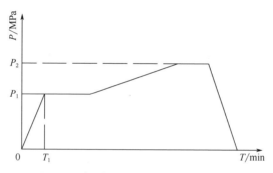

图 4.2　慢升压工艺曲线（工艺 2）

　　采用分段升压曲线（工艺 1）的样品单块产量为 145.5ct，慢升压曲线（工艺 2）的样品单块产量为 115ct，其粒度分布对比如图 4.3 所示。从图 4.3 可以看出，工艺 1 合成的 c-BN 与工艺 2 的相比，粒度较细，产量较高。

　　由于工艺 1 前期升压速度较快，成核时压力高出 c-BN 成核压力较多，瞬间大量成核，成核量大大多于工艺 2 的成核量，从而造成工艺 1 的 c-BN 单晶生长空间及周围 B、N 源不足，晶体难于长大，最终晶体整体粒度偏细，主峰粒度在 230～270 目和 270～325 目；工艺 2 的 c-BN 单晶由于成核缓慢，导致成核量偏少，在生长过程中周围 B、N 源充足，易于长大，最终整体粒度偏粗，峰值集中在 120～140 目。工艺 1 的压力提升速度较快，在合成时间固定条件下，最终压力 P_2 的保持更长，因而对应的成核、生长动力性能显著提高，产量明显较高。虽然工艺 2 的 c-BN 单晶生长空间更大，不过受到成核量及生长时间等相关因素的制约，整体产量明显低于工艺 1。

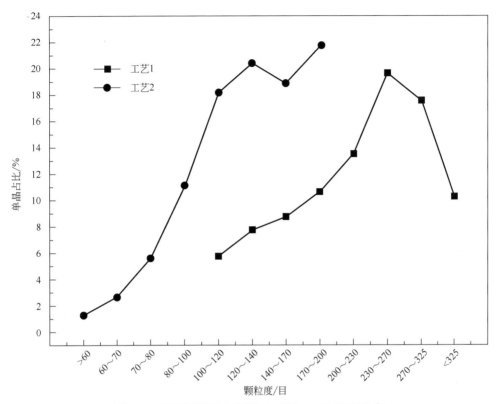

图 4.3　两种不同升压工艺合成的 c-BN 粒度分布

从两种升压工艺的结果对比来看，在合成后的指标上二者各有一定的优缺点和适用范围，分段升压工艺适用于生产高产低质单晶，慢升压工艺明显更适于生产优质粗颗粒 c-BN 单晶。

4.2.2　两种不同加热工艺曲线的对比

该实验主要是对目前 c-BN 生产中使用的两种功率曲线进行对比，找到更适于合成粗颗粒 c-BN 的功率曲线。实验所用的两种功率曲线为功率下降曲线和功率平稳分布曲线，分别如图 4.4 和图 4.5 所示，二者的加热时间都为 10min，采用相同的慢升压工艺进行加压。

合成完毕取样观察，工艺 3 单块产量为 105ct，工艺 4 单块产量为 115ct，两种工艺合成的 c-BN 粒度分布对比如图 4.6 所示。

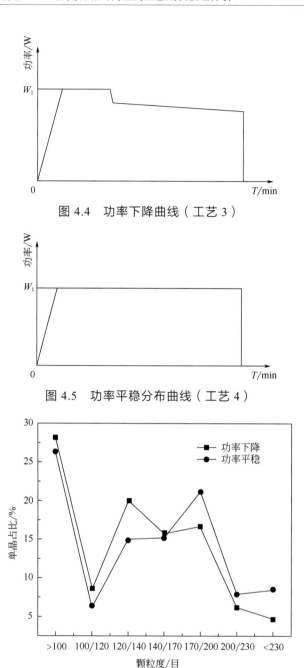

图 4.4   功率下降曲线（工艺 3）

图 4.5   功率平稳分布曲线（工艺 4）

图 4.6   两种不同功率曲线合成的 c-BN 粒度分布

从图 4.6 可以看出，两种不同功率曲线合成出的 c-BN 粒度分布不如图 4.3 中压力曲线的差别明显，功率平稳分布工艺曲线合成的 c-BN 整体粒度较功率下降工艺曲线的要稍细一些，但差别不大。另外，从"淬火"后砸开的 c-BN

合成柱断面看，功率平稳分布曲线的 c-BN 单晶分布均匀性要好于功率下降的断面，功率下降的合成柱断面外围成核较多，中心部位成核较少；功率平稳分布曲线的合成块断面外围与中心成核量差别不大。从成核的均匀性上看，功率平稳分布曲线要优于功率下降曲线。成核的均匀性越好对提高产量越有利，因此采用功率平稳分布工艺的 c-BN 单块产量要明显高出功率下降工艺的产量。

合成 c-BN 单晶采用功率下降的曲线形式主要是参考了人造金刚石单晶的合成功率曲线[128,129]。静压催化剂法合成人造金刚石成核时，合成块温度有个较为明显的上升过程，为保证合成过程的温度稳定，在成核时合成功率需要有个缓慢下降的过程。从本次两种类型的合成功率曲线对比结果来看，c-BN 合成过程与人造金刚石的不尽相同，功率下降工艺并不利于 c-BN 的均匀成核和产量的提高。

综合对比来看，功率平稳分布的工艺曲线形式更有利于合成出优质的粗颗粒 c-BN 单晶。

4.2.3　加热时间对粗颗粒 c-BN 单晶合成的影响

采用慢升压的压力曲线形式和功率平稳分布的功率曲线形式，在 10min 合成加热时间的基础上，又进行了 c-BN 单晶合成 15min、20min 和 30min 这三种加热时间的对比实验，研究了加热时间对合成粗颗粒 c-BN 的影响。

15min 工艺合成出的单产为 124ct，20min 的为 123ct，30min 的为 101ct。合成出的粒度分布对比如图 4.7 所示。

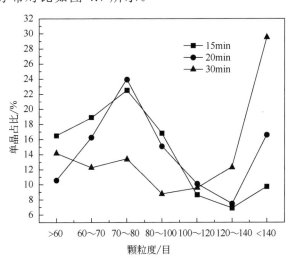

图 4.7　不同加热时间合成的 c-BN 粒度分布

结合 10min 工艺看，随着时间延长，合成单产的变化趋势为先增加后减少，对比分析可知 15min 的产量最高，20min 工艺的产量基本上和前者持平。从图 4.7 也可以看出，随着时间的延长，合成出的 c-BN 单晶粒度也呈现了和单产类似的变化规律，粒度先变粗然后变细。15min 条件下≥70 目的偏粗单晶所占比例最高，其次是 20min 条件下的，其他时间的都较细。

以上现象可以通过 BN 相图（图 1.9）进行解释。在 $Li_3N+h-BN$ 合成体系下，合成时间增加过程中体系内的温度也不断增加，进入 c-BN 单晶在该体系下的生长区内，c-BN 单晶开始形核、长大，此时随着合成时间的增加，c-BN 单晶的产量逐渐增加，晶体尺寸也会变大。随着合成时间继续延长，合成体系内的温度继续升高，整个合成体系逐渐过渡到 h-BN 的稳定区，此时合成出的 c-BN 有较大的可能会逆转化为 h-BN，导致 c-BN 单晶的产量下降、粒度变细。从合成结果分析，$Li_3N+h-BN$ 合成体系在加热 20min 时可能已经进入了 h-BN 的稳定区，30min 时产量降低、粒度变细的情况已经非常明显。

另外各选取 100 粒三种加热时间粒度为 60～70 目的 c-BN 单晶做了静压强度测试，各加热时间的平均测试结果见表 4.3。从表中可以看出 15min 加热时间合成出的单晶静压强度值最高，20min 的次之。

表 4.3　不同加热时间合成 c-BN 单晶的静压强度

加热时间/min	静压强度/N
15	38
20	32
30	30

从该组对比实验来看，在 $Li_3N+h-BN$ 合成体系中，采用 15min 加热工艺更适于优质粗颗粒 c-BN 的合成。

4.3　添加 c-BN 籽晶对合成粗颗粒 c-BN 单晶的影响

控制成核量的多少是控制晶体颗粒大小的一种有效方式。在自发成核的情况下，只能通过工艺曲线进行有限地控制，而采用人为加入籽晶的方法，使 c-BN 的成核改为非自发成核的方式，可以更有效地控制成核量。本节将在 $Li_3N+h-BN$ 合成体系中进行添加籽晶的实验，研究籽晶大小、添加量等对合成粗颗粒 c-BN 的影响。所有籽晶在使用前均进行了煮酸、煮碱、煮水的处理，尽可能地去除其中的杂质，消除籽晶中的杂质对合成结果的影响。所用籽晶为细颗粒的 c-BN 单晶或 c-BN 单晶破碎后得到的微粉。

4.3.1   c-BN 籽晶添加量的影响

在 Li₃N+h-BN 体系中，首先进行了籽晶添加量的合成实验，研究不同籽晶添加量对合成粗颗粒 c-BN 单晶产量、粒度分布等的影响。合成过程使用功率平稳分布+慢升压的高温高压曲线形式，合成加热时间为 15min。选用 270～325 目的 c-BN 微粉作为籽晶。为保证结果的准确性，除籽晶加入量不同外，整个实验过程的其它工艺参数均相同。

实验过程中籽晶加入量的质量分数分别为 0、0.10%、0.15%、0.20%、0.25% 和 0.30%，最终各添加量对应的 c-BN 单晶单块产量分别为 115.0ct、114.0ct、101.0ct、126.0ct、123.0ct 和 116.0ct。图 4.8 具体显示出各加入量条件下单晶的产量变化相关情况，其中横纵坐标分别对应于籽晶加入量的质量分数、单块产量。图 4.9 则显示出粒度分布相关情况。

由图 4.8 可以看出，在籽晶添加量的增加过程中，对应的单晶产量变化趋势很明显，总体上表现为先降低，后增加，再降低。对所得结果进行统计分析可知，在籽晶添加量为 0.20%（质量分数）时，c-BN 单晶的单块产量高达 126.0ct，为所有对比组的最高值。

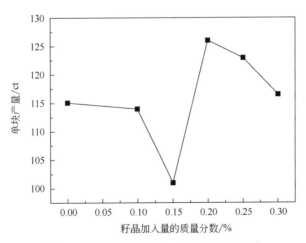

图 4.8   籽晶加入量对 c-BN 产量的影响

合成体系中籽晶加入比例偏少时，籽晶量少且分布较为分散，造成 c-BN 单晶的生长中心较少且分布不均匀，导致 c-BN 单晶生长数量偏少，造成整体产量偏低；合成体系中籽晶加入比例过多时，造成体系中 c-BN 单晶的生长数量偏多，单个 c-BN 单晶周围生长空间不足，同时 B、N 源也较为缺乏，导致 c-BN 单晶生长缓慢，最终难以长大，整体产量反而降低。从实验结果来看，当籽晶加入量为 0.20%（质量分数）时，无论是单块产量还是偏粗颗粒单晶的占比，结果都比较理想。

从图 4.9 中的粒度分布结果可发现，在合成过程中籽晶的添加有利于提高粗颗粒 c-BN 单晶的比例，整体粒度明显变粗。其中，0.20%（质量分数）的 270～325 目籽晶加入量对应的结果中，60～70 目的 c-BN 单晶占比达到了 31.4%，明显优于之前所做合成实验得出的数据。通过以上分析可知，籽晶的添加量有一个最佳值，添加量过多或者过少都不利于粗颗粒 c-BN 单晶的合成。

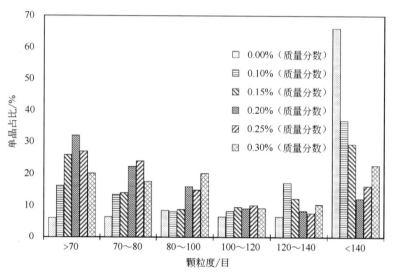

图 4.9   籽晶加入量对 c-BN 单晶粒度分布的影响

综合分析可知，在 270～325 目籽晶加入量为 0.20%（质量分数）的条件下，可取得最好的合成结果。所得的 c-BN 单晶产量最高，整体粒度也明显要粗于其它对比组。对非均匀形核生长理论进行分析可知，籽晶在体系中会抑制自发形核，因而它的加入对提高合成效果有利。在均匀成核的情况下，体系中需要具有一定的过冷度才能形核，而后晶体才能在形核的基础上继续长大。而加入籽晶后，系统不再需要有形核阶段，晶体可以直接以籽晶为中心进行生长。同时在籽晶加入量合适的情况下，籽晶可以在合成柱中均匀分布，晶体生长时有足够的空间，因而 c-BN 单晶的尺寸可以生长得较大。

4.3.2　c-BN 籽晶粒度的影响

在 Li_3N+h-BN 合成体系下，采用功率平稳分布+慢升压高温高压合成工艺曲线，其中合成功率为 4890W，合成压力为 95MPa。配料时添加不同粒度的籽晶，实验不同粒度籽晶合成 c-BN 单晶的效果，探讨籽晶粒度对 c-BN 单产和粒度的影响。

在高温高压合成结束后，将 c-BN 合成柱破碎，煮水、煮酸、煮碱处理，在此基础上获得纯度相对高的 c-BN 单晶。单块产量由电子天平进行称量，粒度分布由振筛机筛分后计算得出。

实验过程中选用了五种粒度的籽晶进行了对比研究，这五种籽晶的粒度分别为 100～120 目、170～200 目、270～325 目以及 425～600 目。由于籽晶大小不同，为保证添加的籽晶数目尽量一致，可根据各粒度范围的平均尺寸值计算出各粒度的添加量比值。以 270～325 目的添加量为 0.20%（质量分数）为参考值，计算出的结果为：425～600 目的籽晶添加量为 0.054%（质量分数），170～200 目籽晶的添加量为 0.86%（质量分数），100～120 目籽晶的添加量为 4.0%（质量分数）。最终合成出的 30～50 目粗颗粒 c-BN 单晶的占比以及 c-BN 的转化率对比情况如图 4.10 所示。图中的横坐标表示添加的不同粒度的籽晶，纵坐标表示 30～50 目粗颗粒单晶的占比以及添加不同粒度籽晶合成出的 c-BN 的转化率。

从图 4.10 中可以看出，添加的籽晶粒度越粗，c-BN 单晶的转化率越低，但是粗颗粒 c-BN 单晶的占比越高。其中，添加 100～120 目籽晶的 30～50 目的 c-BN 单晶占比为 56.8%，添加 425～600 目籽晶的 30～50 目单晶的占比为 4.0%，前者 30～50 目粗颗粒 c-BN 单晶的占比明显高出后者很多。由此可见，添加的籽晶粒度对粗颗粒 c-BN 单晶的占比影响非常大。其中的原因应该与 c-BN 的生长机理有关。在 c-BN 单晶生长初期，微小的 c-BN 生长基元向籽晶表面不断堆积，此时籽晶粒度越粗，它的表面积越大，c-BN 生长基元就越容易堆积，堆积速度也越快，最终生长完毕得到的 c-BN 单晶尺寸也越大。

虽然添加籽晶后合成出的粗颗粒 c-BN 单晶占比增加得非常明显，但细颗粒的 c-BN 单晶仍有一定的数量，这应该也与添加的籽晶有关。c-BN 单晶生长过程中，晶体是按照一定晶面及方向进行择优生长，但是添加籽晶时无法控制籽晶晶面的朝向。这种条件下，c-BN 单晶生长过程中可能会沿着不合适的方向生长，就难以长大。同时各种晶面长大所需能量不同，对应的环境也差异很明显。在合成体系温度和压力增加的过程中，合成腔内温度和压力也和晶体长大存在密切关系，在此基础上也会对晶体生长产生不同程度的影响[130]。

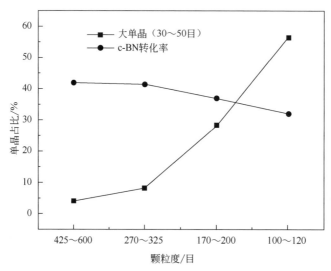

图 4.10　籽晶粒度对 c-BN 单晶合成效果的影响

在氮化锂催化剂合成体系中，添加 100～120 目籽晶条件下所得的立方氮化硼单晶为琥珀色，透明度较高。从图 4.11 可以看出，部分单晶尺寸已经大于 0.5mm，裸露的晶面主要是（110）和（111）。从晶体形貌上可以看出，大部分粗颗粒 c-BN 单晶结晶质量较好，晶体表面平整，生长缺陷很少。

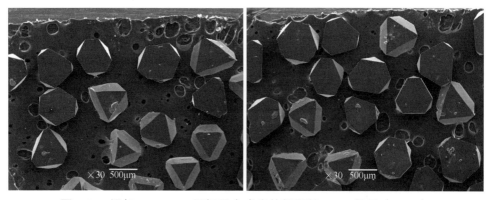

图 4.11　添加 100～120 目籽晶合成出的粗颗粒 c-BN 单晶（SEM）

抽取 100 粒 50～60 目粒度的 c-BN 单晶进行了静压强度测试，取平均值后测得的最终静压强度值为 48N。抽取 3 组 50～60 目粒度的 c-BN 单晶样品，测得的冲击韧性平均值为 49%。测试结果高于国家标准 GB/T 6408—2018 中规定的 50～60 目高强料（C-BN400）静压强度 38N、冲击韧性 40%的标准。

结合上述工艺实验，可得如下结论：

① 通过分析 Li$_3$N 催化剂添加量（质量分数）分别为 6%、8%、10%、12%、14% 的合成效果发现，随着 Li$_3$N 催化剂加入量的增大，合成出的 c-BN 单晶的产量先增后降，添加量为 10%（质量分数）时 c-BN 单晶的产量最高；随着 Li$_3$N 催化剂添加比例的增大，粗颗粒 c-BN 单晶的含量呈现出先增大后减小的趋势，添加量为 10%（质量分数）时占比最多。Li$_3$N 催化剂添加量为 10%（质量分数）更适合粗颗粒 c-BN 单晶的合成。

② 实验了 230～300 目、200～230 目、140～200 目、100～140 目的 Li$_3$N 催化剂合成 c-BN 的效果。200～230 目的 Li$_3$N 合成出的 c-BN 单晶的产量和转化率最高；140～200 目的 Li$_3$N 合成出的粗颗粒 c-BN 单晶占比最高；随着催化剂粒度的变粗，c-BN 单晶的抗压强度先增后减，抗压强度在 Li$_3$N 粒度为 140～200 目时最高。140～200 目的 Li$_3$N 催化剂更加适合高品质粗颗粒 c-BN 单晶的合成。

③ 在 Li$_3$N+h-BN 合成体系的基础上进行了粗颗粒 c-BN 的高温高压合成工艺曲线优化。通过三组对比实验发现：采用慢升压+功率平稳分布+15min 加热时间的高温高压工艺曲线有利于粗颗粒 c-BN 的合成。采用该工艺合成出的 c-BN 单晶单块产量可到 120ct 以上，粒度大于 50 目的 c-BN 单晶占比可达 16% 以上，晶体的静压强度较高、表面缺陷较少、晶形较好。

④ 籽晶的添加可显著增加粗颗粒 c-BN 单晶的占比。最终优化后的粗颗粒 c-BN 单晶的合成工艺为：粒度为 140～200 目的 Li$_3$N 作为催化剂［Li$_3$N 添加量为 10%（质量分数）］，100～120 目的 c-BN 微粉作为籽晶［籽晶添加量为 4.0%（质量分数）］，余量为 h-BN；按照慢升压+功率平稳分布+15min 加热时间的高温高压合成工艺曲线，其中使用的合成功率为 4890W，合成压力为 95MPa。采用该工艺合成出的 30～50 目的 c-BN 单晶占比可达 56.8%，合成出了高品级的粗颗粒 c-BN 单晶。从形貌观察来看，晶体完整度高，晶面平整，结晶质量好；从力学性能测试结果看，静压强度达到了 48N，冲击韧性达到了 49%，强韧性指标均超过国标规定值。

第 5 章

立方氮化硼界面形貌及催化剂微结构表征

高温高压下 c-BN 单晶的催化机理在于研究锂基催化剂对氮化硼合成的催化作用[143]。实验发现，c-BN 单晶总是在 h-BN 和催化剂的交界处形核并向 h-BN 方向生长，c-BN 单晶表面被数微米甚至数十微米厚的粉末状膜层所包裹[57,64,70,87,101]，即第 1、2 章所述的催化剂层，其处于 c-BN 单晶表面，是在 h-BN 向 c-BN 转变过程中催化剂催化、溶解和运输 B 和 N 原子以及调节合成温度和压力的最直接的部分[53,90]。通过表征 c-BN 单晶周围催化剂的结构和成分，可以获得自单晶表面到催化剂层不同位置催化剂成分的变化、物相结构组成及含量等信息，同时寻找催化剂结构的分布规律，从而获得 c-BN 形核、结构相互转化的直接证据。

本章利用扫描电子显微镜（SEM）、X 射线衍射仪（XRD）、透射电子显微镜（TEM）等手段，研究采用 Li$_3$N 系催化剂合成 c-BN 单晶的表面形貌及其所对应的催化剂层形貌和物相结构组成。结合高分辨电子透射电镜（HRTEM）对 c-BN 界面层物相结构进行了分析。在此实验基础上，结合 c-BN 催化剂层的相结构组成及成分分布规律等，探讨了催化剂层在 c-BN 单晶合成中的作用，对 c-BN 单晶合成的催化机理做了初步分析。

5.1　立方氮化硼催化剂层的组织形貌

高温高压条件下，优质 c-BN 单晶生长的温度、压力范围呈现"V"形区，在该区域内各物相均存在近程有序的结构，因此快速冷却后 c-BN 单晶催化剂层可以保留较多的关于高温高压 c-BN 合成的信息，可对研究 c-BN 单晶高温高压下的催化机理提供最直接的依据[97,99,108]。通过 SEM 进行合成单晶形貌分析，可以探讨 c-BN 单晶的生长过程，为催化机理研究作铺垫。

5.1.1　锂基催化剂合成的立方氮化硼单晶

图 5.1 是利用锂基催化剂经高温高压合成的 c-BN 单晶颗粒的 SEM 像图。实验中合成压力为 4.5GPa，合成温度为 1800K，保温时间为 10min。从图中可以看出，以锂基催化剂原料合成出的 c-BN 具有较完美的八面体晶型和较均匀的晶粒尺寸。在该合成条件下，单晶颜色为琥珀色，晶粒尺寸最大可达 0.4mm。

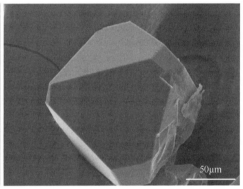

图 5.1　立方氮化硼单晶的 SEM 像图

5.1.2　立方氮化硼/催化剂层界面的 SEM 形貌

图 5.2 为合成后试样的断口形貌图，从图中可以看出，c-BN 单晶表面覆盖着大量类似熔融状物质，这些覆盖物充分体现了高温高压合成后"淬火"快冷后的特征，其中熔融状类似于球形的物质有可能为高温高压熔融液快速冷却过程中重结晶的状态。

如前所述，高温高压下优质 c-BN 单晶的合成温度、压力范围仅局限于"V"形区内，其合成温度、压力区间较窄，在此合成范围内，熔体内 h-BN、c-BN 及催化剂均以近程有序或中程有序的形式存在。高温高压下 B 和 N 原子的扩散驱动力来自于其在高温高压熔体内的溶解度。在高温高压熔融液中，B 和 N 原子溶解越多，原子扩散越快，其催化剂层的催化效果越好，c-BN 单晶的生长速度与 B、N 原子的扩散速度直接相关。

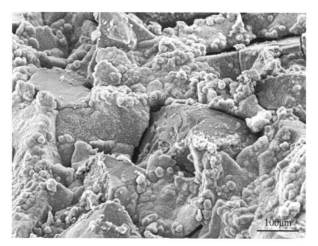

图 5.2   锂基催化剂合成立方氮化硼断口形貌

图 5.3 为包围着同一 c-BN 单晶的催化剂层形貌图。从图中可以发现，该催化剂层呈片层状，此处催化剂层厚度大约为 2～5μm 且与 c-BN 单晶表面直接相连。

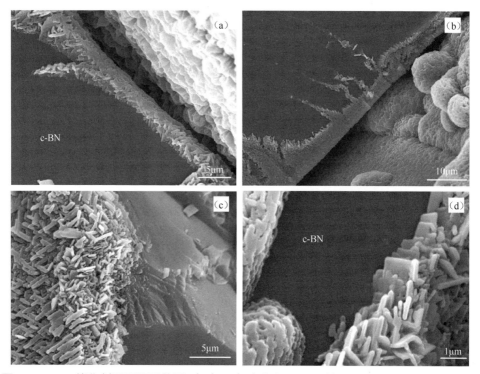

图 5.3   c-BN/催化剂层界面形貌图[（a）～（d）为包围同一单晶不同位置的催化剂形貌]

　　在图 5.3（a）和图 5.3（b）中，该催化剂片层有明显地向 c-BN 单晶生长的痕迹，在图 5.3（c）和图 5.3（d）放大图中可以看到催化剂片层的取向大概一致。这就意味着在高温高压下此催化剂层应为熔融状态，当合成实验结束后由于快速冷却，催化剂层在其快速凝固的过程中发生了择优生长，从而形成了片层状取向一致的组织结构。文献[80]提到高温高压条件下 c-BN 单晶被熔融的 h-BN 和催化剂所包围，c-BN 单晶有向 h-BN 方向生长的趋势。在此过程中，催化剂层在 c-BN 的生长过程中至关重要，其不仅是 B 和 N 原子的溶剂，而且也是 h-BN 向 c-BN 进行结构转变的催化剂[64]。这一点可以从图 5.3（b）中 c-BN 单晶表面有明显的扩散生长痕迹得以说明。图 5.4 为 c-BN 单晶局部的放大图，由该图可以看出，在 c-BN 单晶表面具有典型的类似于台阶状生长的痕迹。

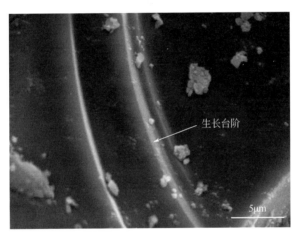

图 5.4　c-BN 单晶表面局部 SEM 像图

　　结合上述各图可以得出，c-BN 单晶在高温高压下将在含有催化剂的熔融液中以如图 5.5 所示的片层方式长大。在 c-BN 单晶达到临界形核时，具有 sp^2 杂化态的 B 和 N 原子在催化剂的作用下发生结构改变，形成具有 sp^3 杂化态的 c-BN 颗粒。当单晶生长符合形核条件时[136]，由于液相中的结构起伏，第一片生长层晶核将在 B 和 N 的过饱和度达到临界形核值时同时产生。高温高压下 c-BN 单晶长大期间，新的生长片层晶核将在原先的生长层完全扫过整个晶面时产生。此时，所产生的新的片层晶核，在遇到其它片层晶核所形成的生长层之前，将有足够的时间发展成为临界片层晶核。开始时这些片层晶核所产生的台阶将以孤立的丘状存在，随着单晶的生长，这些丘状晶核相互靠近，扩散至整个表面，从而形成如图 5.5 所示的生长台阶。这些生长片层晶核的厚度、形成频率和数量随着晶核的过饱和度变化而变化。

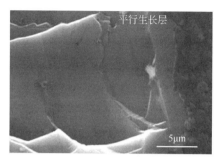

图 5.5　c-BN 晶面的平行生长层

除此之外，由图 5.3（b）可以看到，合成后的 c-BN 界面上分布有大量的圆球状颗粒，结合后续的实验结果推测为再结晶的 h-BN。高温高压合成 c-BN 单晶的过程中，除了 h-BN 不断溶于催化剂中，随之而来的还有 h-BN 的再结晶过程[136]。此再结晶过程与 c-BN 单晶的生长有着密切的相关性。在钙基催化剂合成氮化硼相图（如图 1.4 所示）中，在 2073K 以上的温度范围内 c-BN 稳定区出现了亚稳相再结晶 h-BN，在锂基催化剂合成氮化硼的相图（如图 1.9 所示）中，在 1620～3220K 温度范围内，除 c-BN 稳定存在外，同时也存在再结晶的 h-BN。实际上，c-BN 与再结晶 h-BN 始终是伴生的，这与合成过程中有足够的 B 和 N 源及 h-BN 的再结晶条件存在有关。在 c-BN 单晶的生长过程中，立方相与六方相共享 B 和 N。由于合成设备参数的不稳定，在高温高压下合成温度和压力的瞬间波动，都有可能使得 c-BN 催化剂层中 B 和 N 的浓度梯度产生差异，从而局部区域易出现较大的过饱和度。过饱和度越大，体系能量越不稳定，越有利于 h-BN 再结晶[144]。当合成条件处在六方相和立方相的平衡线附近时，六方相再结晶和立方相生成的能力是接近的，如果此时预热时间过长，以至于高温高压熔体中的 BN 基团在再结晶的六方相颗粒上沉积长大，那么用于立方相形核的 B 和 N 将减少。这和实验过程中通常采用快速升温的合成工艺相一致。由此可知再结晶的 h-BN 对 c-BN 的成核量是有影响的。在六方相和立方相共存的体系中，当局部熔体中 B 和 N 浓度较高时，一部分溶解的 BN 将在再结晶 h-BN 上结晶，使得 c-BN 单晶生长速度不致过快；而当熔体中 B 和 N 浓度比较低时，部分再结晶的 h-BN 又可重新溶解，使得 c-BN 有足够的 B 和 N 来源。因此，再结晶的 h-BN 可起到调节 c-BN 单晶生长的作用。在工业生产 c-BN 单晶时，可通过控制再结晶 h-BN 的生长速度来控制 c-BN 的形核（如选择平横线附近的温度、压力条件等），从而改善合成过程中单晶的生长条件。

5.2　立方氮化硼/催化剂层界面物相结构表征

如前所述，快速冷却后的 c-BN 单晶/催化剂层界面可以保留 c-BN 单晶在高温高压下的相关信息，因此，对单晶界面和合成后的催化剂物相结构等的表征将为解释 c-BN 单晶在高温高压下的生长机理及催化剂在高温高压合成状态下的催化作用提供依据。

5.2.1　立方氮化硼/催化剂层界面物相结构的 XRD 分析

由于 c-BN 单晶催化剂层呈粉末状，在对界面层进行分层表征时不存在清晰的分层面，因此只能以 c-BN 单晶为基底进行大致分层取样。由于体视显微镜的放大倍数有限，因此无法对 c-BN 单晶最表面[如图 5.3（b）中单晶表面大约为 1μm 厚的催化剂]的粉末试样进行取样分析。在本实验中，将高温高压条件下合成的合成块破碎后，在体视显微镜下将琥珀色的 c-BN 单晶挑出，此时将会形成如图 5.6 的凹坑，箭头所指方向为近似光滑平面，由此判断应为与 c-BN 单晶直接相接触的催化剂层。以箭头所示面为基础，沿与此面垂直方向进行分层取样，取样厚度大致为每层 10μm。将所取粉末试样按照距离单晶表面的距离分为三层，即靠近 c-BN 单晶/催化剂界面的内层（inner layer）、离界面约有 20μm 距离的催化剂外层（outer layer）和中间层（inter layer）。将粉末试样粘至双面胶带上并固定到玻璃板上，以进行 X 射线衍射（XRD）分析。

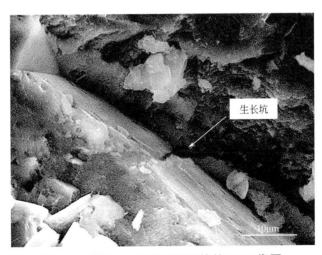

图 5.6　剥离 c-BN 单晶后凹坑的 SEM 像图

图 5.7 为采用锂基催化剂合成出的 c-BN 催化剂层分层取样的 X 射线衍射结果。借助于 Jade 软件将实验结果与 PDF 物相卡片相对照可知，在这三层试样中的主要成分均为 h-BN、c-BN、Li_3BN_2，只是各物相结构的含量有所差异。在此需要说明的是，经 XRD 检测出的立方相虽然具有较高的含量，但在体视显微镜下并不具有单晶的形状，应以立方相微颗粒存在于催化剂层中。除此之外，还存在 Li_2CO_3 相，由于催化剂原料与空气接触时容易发生氧化，因此可认为此相为杂质相[82,145]。应该说明的是，在这三层试样的低衍射角位置（16°和 22.5°）均出现了较高峰。然而，通过分析催化剂层中可能存在的物相结构，此峰的存在应为干扰峰，应与制样过程中样品的数量较少，未能完全覆盖胶带有关。低角度范围内衍射过程中产生了漫散射现象，以至于对衍射结果产生干扰。

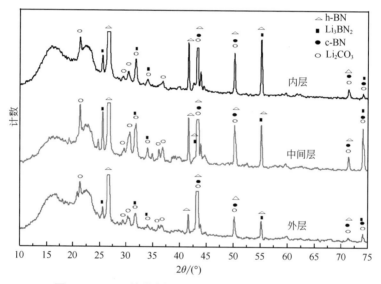

图 5.7   c-BN 催化剂层物相结构的 X 射线衍射图

结合图 5.7 对比衍射结果可以看出，h-BN 在单晶界面附近均大量存在且分布均匀，而经由 XRD 检测到的 c-BN 在催化剂外层、中间层、内层中的含量呈递增趋势，其主衍射峰与六方相的主峰衍射强度比分别为 0.04、0.40、0.77。考虑到六方相主峰具有更高的反射率，立方相在这三层中的相对含量或许要更高。然而，经过反复验证，在这三层试样中均未发现原始催化剂 Li_3N 的存在。由此结果可以初步推测，在高温高压条件下，h-BN 和 Li_3N 发生了如下反应：

$$Li_3N + h\text{-}BN \longrightarrow Li_3BN_2$$

在上述的三层试样 XRD 实验中均发现了 Li_3BN_2 的存在，在锂基催化剂合成 c-BN 的相图（图 1.9）中同样有 Li_3BN_2 的出现。由此可知，在高温高压条件下 Li_3N 应该只是作为催化剂前驱体参与反应[146]，而中间相 Li_3BN_2 才可能是真正起催化作用的物质[13,48,58,63,147,148]。这一结论与采用 Mg_3N_2、Ca_3N_2 为原料合成 c-BN 所检测到的中间相 $Mg_3B_2N_4$ 及 $Ca_3B_2N_4$ 相一致[42,70,149]。研究催化剂微结构对单晶催化机理的影响，主要是指研究催化剂中间相（如 Li_3BN_2、$Mg_3B_2N_4$、$Ca_3B_2N_4$ 等）对单晶合成的催化作用。

5.2.2 立方氮化硼/催化剂层界面物相结构的 TEM 分析

由于 X 射线衍射检测存在一定的误差（组分含量过低时不易检测出来），因此，为了更加准确地对 c-BN 单晶/催化剂层界面物相结构进行表征，本文采用了透射电镜手段对 c-BN 单晶/催化剂层界面以及催化剂层内不同区域组成相的结构进行检测。按照第 2 章所述进行 TEM 试样制备，采用双面减薄的方法，直至样品符合 TEM 测试所需要的厚度。通过控制离子溅射的时间、方向和程度对 c-BN 单晶/催化剂层界面物相结构进行分析。

图 5.8（a）为经 4.5GPa 压力和 1873K 的温度处理后 c-BN 单晶/催化剂层界面的微观形貌图。图 5.8（b）为对应于图 5.8（a）中 A 区的选区电子衍射图，经标定该相是晶带轴为[110]的 c-BN 单晶。图 5.8（c）为 B 区的选区电子衍射图，该相是晶带轴为[001]的 h-BN。由图 5.8 可知，在 c-BN 单晶/催化剂层界面处，h-BN 存在并且与 c-BN 有明显的分界面。在此初步推测，在高温高压条件下 h-BN 经催化剂相催化后可直接转变成为 c-BN。

经由 XRD 实验结果可知，在 c-BN 单晶界面上不同位置均会存在一定量的立方相。图 5.9（a）和图 5.9（c）为 c-BN 单晶界面处不同位置的微观形貌图，图 5.9（b）和图 5.9（d）相应的电子衍射图表明，其物相结构应为 c-BN。这些立方相在体视显微镜下难以辨认，但却以一定数量存在于单晶界面层中，并有可能以扩散生长的方式促使 c-BN 单晶长大。

XRD 实验结果中未发现 Li_3N 的存在，在 TEM 检测过程中，在不同位置经过多次反复验证，均未找到符合 Li_3N 物相结构的电子衍射图。

根据锂基催化剂合成 c-BN 单晶界面相结构的透射电镜分析可以推断：在高温高压下，h-BN 以原子基团的形式溶入催化剂层，在催化剂的催化作用下发生结构转变，形成具有立方相的原子基团溶于熔体内。由于 c-BN 单晶在高温高压条件下的生长区域仅限于"V"形区，在此温度和压力范围内，催化剂层存在近程有序的固相结构，在快速冷却过程中其结构信息保留到了室温。

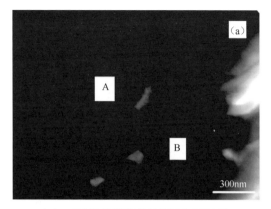

（a）c-BN 单晶/催化剂层界面的 TEM 图

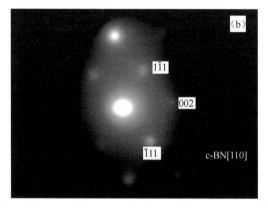

（b）A 区 [110] 晶带轴的 c-BN 选区电子衍射图（a=3.615Å❶）

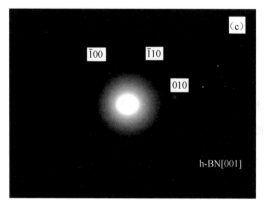

（c）B 区 [001] 晶带轴的 h-BN 的选区电子衍射图（a=2.504Å,c=6.661Å）

图 5.8　c-BN 单晶/催化剂层界面 TEM 图

---

❶ 1Å=0.1nm。

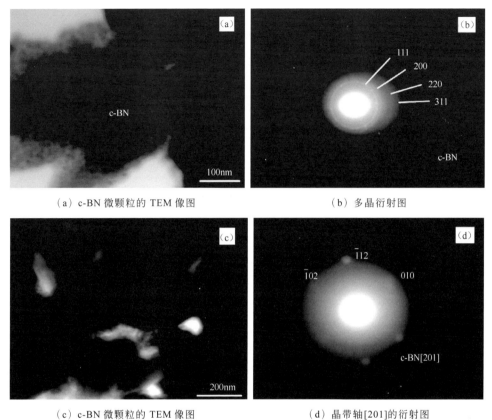

（a）c-BN 微颗粒的 TEM 像图　　　　　　（b）多晶衍射图

（c）c-BN 微颗粒的 TEM 像图　　　　　　（d）晶带轴[201]的衍射图

图 5.9　c-BN 单晶界面处不同位置的 TEM 像图及相应衍射图

5.2.3　催化剂层微结构的 HRTEM 分析

由于高分辨透射电镜可观测的范围为纳米级，因此对试样的要求较高，试样颗粒不能太大，试样数量不能太多，否则将影响高分辨的观察[150]。为此，在制样时无法采用离子减薄的方式，而是将 c-BN 催化剂层粉末置于无水丙酮内，超声分散后将粉末吸附至铜栅上。由于此种制样方式无法区分所观察到的微小颗粒来自于界面中的哪个位置，因此，在此实验中主要对催化剂层微区的物相成分进行表征，不再区分内外层。

图 5.10 为催化剂层中某一区域的 HRTEM 晶格像。从中可以看到该晶格像与石墨的晶格像非常相似，呈现典型的六方相的年轮状图案。对图中较规整的晶格条纹进行测量表明，此处晶面间距为 0.332nm，而 h-BN 的层间距离为 0.335nm，与所测量的晶面间距非常接近，故可认定图 5.10 中的物相为 h-BN。

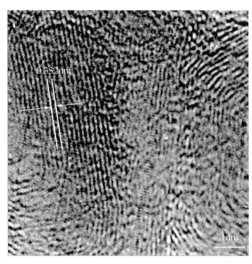

图 5.10　催化剂层中 h-BN 的 HRTEM 图

由 XRD 及 TEM 实验结果已经推测，在 c-BN 单晶/催化剂层界面处会存在 c-BN 微颗粒，而图 5.11 的 HRTEM 图片则进一步证实了该微颗粒的存在。由二维晶格条纹间距测算可知，该颗粒即为 c-BN，其晶带轴为 $g=110$。此时的 c-BN 微颗粒在尺寸上仅有几到十几纳米，还不具有立方相的六面体或正八面体结构外观。这些 c-BN 微颗粒难以在体视显微镜下分辨，但却以立方相的结构分布在单晶催化剂层中。

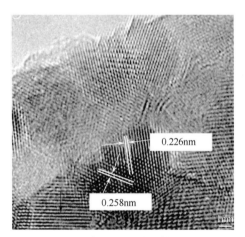

图 5.11　界面层中 c-BN 微颗粒的 HRTEM 图

在 HRTEM 试样不同位置也发现了该微颗粒的存在（如图 5.12 所示），因此采用 XRD 测试时能够检测到其存在。由此推测，c-BN 在高温高压熔融液中的形核过程或许是同时发生的。然而，在随后的合成过程中，某些 c-BN 微颗粒能够相互聚集生长形成宏观可见的 c-BN 单晶，而另外一些微颗粒却在快速冷却条件下以形核时的微颗粒状态保留在催化剂层中。

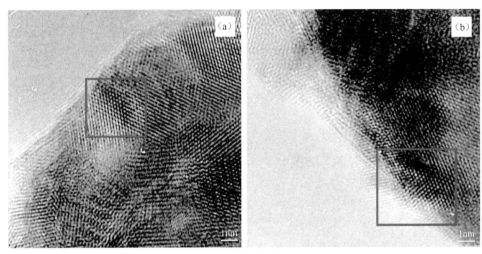

图 5.12　界面层中不同位置 c-BN 微颗粒的 HRTEM 图[如（a）、（b）图内方框所示]

在 c-BN 微颗粒周围，也有其他晶体形式存在。如图 5.11 中箭头所指的应为（002）晶面的 Li_3BN_2 催化剂相。前期的 XRD 实验也证实，在 c-BN 单晶界面处 Li_3BN_2 有一定的含量，应为催化剂原料 Li_3N 和 h-BN 在高温高压条件下发生共熔反应而生成的产物。

5.3　立方氮化硼生长 B、N 来源的分析

c-BN 单晶/催化剂层界面是与 c-BN 单晶接触部分的最前沿，可以带来 c-BN 生长最直接的信息。在复杂体系的结晶过程中，通常会出现两种或者两种以上的结晶相同时满足形核的热力学条件，亚稳相的形核也可能参与其中。c-BN 就是典型的多相形核，当 c-BN 形核后，由于晶核的尺寸小，界面张力大，以至于界面张力引起的高压使得高压相（即 c-BN）优先成核，成为稳定相，而亚稳相（即 h-BN）则变得不稳定。通过 XRD、TEM 和 HRTEM 对 c-BN 单晶/催化剂层界面的物相结构表征发现：六方相和立方相遍布整个 c-BN 催化剂层，但立方相的含量随着接近于 c-BN 单晶逐渐增加。同时，在催化剂层中不同位置也均检测到了 Li_3BN_2 的存在。由以上结果可以推测：

在采用锂基催化剂进行高温高压合成实验时，当满足 c-BN 单晶的合成条件时，由共熔反应生成的 Li_3BN_2 和 h-BN 均以近、中程有序的熔融状态存在，由于 Li_3BN_2 含量较少，流动性稍差，因此在合成块中分布并不均匀。于是，在 Li_3BN_2 存在的区域，h-BN 在满足热力学及动力学的条件下，首先溶解于催化剂熔体中。然后通过扩散的方式使催化剂熔体中的 BN 浓度不断增加，逐渐达到饱和，并且这个达到溶液饱和溶解度的范围逐渐向催化剂基体方向推进。一旦符合该体系的热力学条件（例如适宜的能量和结构条件），c-BN 晶核便在熔融的催化剂相中形成。随后，催化剂层形成并隔离 c-BN 晶核和 h-BN。

　　c-BN 单晶在开始形核时，熔体内存在大量 h-BN，因此在催化剂相存在的位置其形核是均匀的。由于在高温高压熔体内存在温度梯度和结构起伏，从而导致形成尺寸不同的原子团簇，它们具有近似于 c-BN 单晶的结构，但处在六方相和立方相转变的平衡线附近，所以其存在状态很不稳定，时聚时散。这与在 HRTEM 实验中发现 c-BN 微颗粒结果相一致。这些微颗粒在外观上不具有 c-BN 特定的晶型，但在合成试样中广泛分布，所以在对 c-BN 单晶界面进行 XRD 检测中能够发现立方相的存在，并且具有较高的含量。通过 TEM 实验对单晶界面进行观察，同样也发现了立方相的存在。

　　XRD 分层表征的实验结果说明，在 c-BN 单晶界面内六方相和立方相含量不同。这意味着在高温高压熔体内，h-BN 在界面层中的扩散是非均匀的。当 c-BN 形核后，催化剂层成为六方相和立方相的隔离层，在层内 h-BN 可以在催化剂催化作用下转变为 c-BN，随着 c-BN 的不断生成，h-BN 的含量逐渐降低，从而与催化剂外层形成浓度梯度。在浓度差的推动作用下，h-BN 不断向催化剂层内进行扩散并发生结构变化，由此催化剂相中的 c-BN 微颗粒逐渐增多并堆积到 c-BN 晶面上。这个过程的循环使得 c-BN 单晶不断长大。

　　根据 c-BN 单晶/催化剂层界面相结构及含量的变化规律可以推断：c-BN 在高温高压生长过程中，B、N 原子以基团（或团簇）的形式溶入催化剂熔体，在由外向内的扩散中逐渐分解，并在催化剂的催化作用下在催化剂层中发生结构改变从而形成具有 sp^3 杂化态的 c-BN 晶核。由于催化剂层内外 c-BN 存在浓度梯度，六方相不断向催化剂内层扩散，并不断转化为立方相。随着合成的不断进行，熔体中具有 sp^3 杂化态的 BN 原子基团数目不断增加，加上合成腔体内温度、压力的微小波动，这就促使 sp^3-BN 原子团聚集、碰撞从而形成 c-BN 单晶结构。高温高压下 c-BN 单晶生长的 B、N 源应为 h-BN。

第 6 章

立方氮化硼/催化剂层界面电子结构表征

由第 5 章的表征结果可知，催化剂层在高温高压合成 c-BN 单晶中起到了重要的作用，其促使了 c-BN 的形核及生长。在高温高压条件下，c-BN 晶核一旦形成，晶核与催化剂层便会隔离，界面随即产生；来自催化剂层的 B、N 原子基团将在单晶与催化剂层的界面上进行析出扩散，从而完成向 c-BN 不同晶面的堆积，致使 c-BN 单晶不断长大。

基于"快冷的催化剂层能保留高温高压下的诸多信息"以及"c-BN 合成时催化剂熔体内存在着近程有序的固相结构"的考虑，结合 SEM 显示的 c-BN 晶面的生长台阶，以及 HRTEM 显示的催化剂层内存在的 c-BN 微颗粒等实验结果，同时考虑 c-BN 合成的"溶剂学说"和"固相转变学说"的合理性，研究 c-BN 单晶/催化剂层界面的 B、N 原子的价电子机构，以及价态变化规律或它们的相对含量变化情况，寻找 B、N 原子转变、催化剂催化的直接证据，为研究 c-BN 催化剂微结构与单晶催化机理之间的相关性提供参考。

本章利用激光拉曼谱仪（Raman）、俄歇谱仪（AES）分析了催化剂层中 B 和 N 的谱形，研究了催化剂层中 sp^2 及 sp^3 的电子分布情况，从而获得 c-BN 中 B、N 原子转化的证据。利用 X 射线光电子能谱仪（XPS）分析了 c-BN 催化剂层不同深度的 B、N 原子产生的 XPS 价带谱的谱形和谱峰位置，并通过曲线拟合的方式对不同深度 B、N 原子的 sp^2 和 sp^3 杂化态的含量进行定量分析。在此基础上，通过电子能量损失谱（EELS）对催化剂层中 B、N 原子的 σ 键和 π 键的强度大小，以双窗口扣除背底的方法分层计算 sp^2 和 sp^3 键的多少，从而获得 c-BN 生长过程中 B、N 原子转变的直接证据。同时，对 c-BN 催化剂层中可能存在的杂质相进行了分析。依据以上结果，对催化剂层微观电子结构与 c-BN 单晶生长的催化机理之间的相关性进行了探讨。

6.1 立方氮化硼/催化剂层界面的 Raman 分析

　　激光拉曼光谱对于标定 sp²-BN 和 sp³-BN 是一种较方便的工具[151-153]。h-BN 是典型的层状材料，每个层内都是六角环状，B 和 N 交替排列，在相邻的层面上 B 和 N 相对应，因此在层面间原子键有很大的各向异性[154]，从而导致出现低频模和高频模差别很大的情况[155]。而 c-BN 虽然具有类金刚石结构，但由于存在 B 和 N 两种元素，且原子之间的径向电子密度分布不对称，因此在 c-BN 的 Raman 光谱中会存在横光学模（TO）和纵光学模（LO）[156,157]。h-BN 和 c-BN 的特征频移数据上存在明显的区别，因此，在 Raman 谱图中可以清晰地对这两种物相结构进行定性分析[7,126,127,158]。

　　由于催化剂层有数十微米厚，并且 B、N 在催化剂层不同区域的分布情况对分析 c-BN 的催化机理有重要影响，因此在 Raman 分析时将催化剂层分成不同区域进行微区分析。为提高 Raman 检测的精确度，在实验过程中尽可能寻找与聚焦光束垂直的催化剂横断面及单晶表面。图 6.1 为进行 Raman 谱检测的 c-BN 横断面和界面形貌，在图中把界面催化剂相横断面分成了三个微区，即晶体区（1 点）、催化剂层区（2～4 点）和远离晶体的催化剂外层区（5 点）。

　　根据文献[159-161]可知，c-BN 单晶的 Raman 散射峰分别是（1052±2）cm⁻¹（TO）和（1304±1）cm⁻¹（LO），而 h-BN 散射峰为 1366cm⁻¹（E_{2g}，高频面内振动模式）和 52cm⁻¹。由于 h-BN 的低频散射峰强度太小，在测试时难以检测到其存在，因此测试过程中频移范围选择为 100～1700cm⁻¹。图 6.2a 为图 6.1 中 1 点的 Raman 散射光谱图，在该图中存在两个尖锐的散射峰，分别为 1054cm⁻¹ 和 1304cm⁻¹，与 c-BN 的标准谱峰位置相一致，证实了所测试位置为 c-BN 单晶表面。催化剂层横断面的三个微区的 Raman 散射谱图分别如图 6.2（b）、图 6.2（c）和图 6.2（d）所示。由此可见，在整个

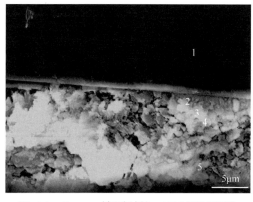

图 6.1   Raman 检测时的 c-BN 界面形貌

催化剂区内都存在六方相的氮化硼（1366cm⁻¹），这与 TEM、HRTEM 分析结果是一致的。另外，在催化剂层内由内到外[见图 6.2（b）～（d）]六方相的散射峰强度逐渐增高，说明 h-BN 的含量逐渐增加。当达到离催化剂层较远的界面外层时[见图 6.2（e）]，此时的 Raman 谱图显示该区域几乎只存在 h-BN 的特征峰，而未检测到 c-BN 的存在，这说明远离界面处的物相主要为 h-BN。Raman 谱图显示的含量变化与对 c-BN 单晶催化剂层的分层 XRD 实验结果相对应。

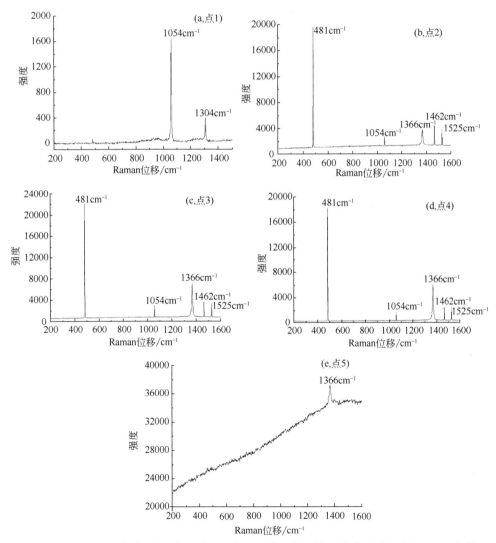

图 6.2　c-BN 表面（a）、催化剂层（b,c,d）以及催化剂层较远处（e）微区的 Raman 光谱

结合上述实验结果可以推断：c-BN 的形核及生长都应该是在催化剂层进行的。c-BN 在催化剂层中进行形核，并以扩散的方式进行生长，这一点由 Raman 谱图中 h-BN 在催化剂层中存在浓度差异可以证明。由于 c-BN 的生长需要 h-BN 的转变，因此随着催化剂层内六方相向立方相的转变，催化剂外层的 h-BN 不断向催化剂层内扩散，发生结构转变形成立方相，并向 c-BN 单晶/催化剂层界面扩散，从而完成 c-BN 单晶的生长过程。催化剂层不仅起到了催化的作用，还为 B、N 提供了输送通道。

值得注意的是，在图 6.2（b）、图 6.2（c）和图 6.2（d）中，除了 h-BN 散射峰以及较微弱的 c-BN 散射峰外，还有几个较强的散射峰（481cm^{-1}、1462cm^{-1}、1525cm^{-1}）存在，其中，481cm^{-1} 频移处具有较高的散射峰强度。由第 5 章分层 XRD 实验结果可知，在界面层中还应存在 Li$_3$BN$_2$，由此猜测，这几个散射峰的存在应与催化剂相有直接关系。然而，由于目前 Raman 标准谱图较少，因此对这三个散射峰可能对应的物质结构尚不能做出合理的确认，还需进一步验证。

6.2 立方氮化硼/催化剂层界面的 AES 分析

俄歇电子能谱（Auger electron spectroscopy，AES），是一种利用高能电子束为激发源的表面科学和材料科学的分析技术[162]。自从 Lander 首次提出用俄歇电子来进行表面化学分析，俄歇电子谱学的进展已经使其成为在化学、材料及物理学领域一种十分有效的分析手段[163]。当 X 射线电子束照射到材料表面时，除激发出光电子外，还可以激发出俄歇电子。由于俄歇电子的能量与原子的种类和原子所处的化学状态有关，因此可以用来对物质进行定性及化学结构分析[164]。俄歇电子能谱（AES）对研究催化剂层中不同位置 B 和 N 原子的电子状态将是十分有益的，它能够回答有关催化剂层不同区域 B 和 N 原子以何种原子类型存在以及价电子如何分布之类的问题[165]。本节通过研究催化剂层不同区域 B、N 原子的俄歇谱形的变化，从而寻找 B 和 N 原子结构转变的证据。

6.2.1 立方氮化硼催化剂层的 AES 谱

图 6.3 为 c-BN 催化剂层横断面上主要元素的 AES 谱图，其中图 6.3（a）和图 6.3（b）分别为距离 c-BN 单晶/催化剂层界面约 1μm 和 10μm 距离处

选点的 AES 谱图,即在催化剂层中靠近立方相的内层和靠近六方相的外层分别取点进行 AES 分析。在微分谱上不同元素的俄歇谱线的能量位置取决于元素种类及其化学状态,其形状一般有一个尖锐的负峰,并且在低能端还存在一个强度较小的正峰以及一些干扰噪声峰。在图 6.3 中,各元素的含量有所不同,在催化剂外层(a)中 B 元素的原子含量为 15.8%,N 的原子含量为 14.2%,另外还含有 48.8%的 C 以及 21.1%的 O 元素,B 与 N 原子含量比为 1.11。在此,催化剂外层的高碳含量主要是由于在合成过程中采用石墨片作为传热介质,在 AES 实验中未对试样表面进行杂质去除。在催化剂内层(b)中 B 的原子含量为 47.9%,N 为 41.5%,C 为 2.5%,O 为 8.1%,此时 B 与 N 原子含量比为 1.15。催化剂内层中杂质含量较少,所检测到的氧、碳元素,有可能是试样合成过程中氧化所致。

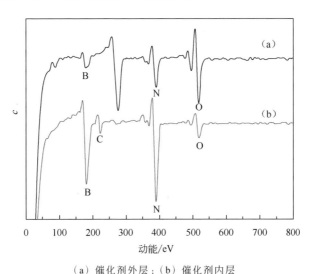

(a)催化剂外层;(b)催化剂内层

图 6.3 催化剂层横断面的俄歇谱图

6.2.2 立方氮化硼/催化剂层界面的 B、N 原子的 AES 谱

图 6.4 给出了 h-BN 中 B、N 原子的俄歇谱图以及沿垂直界面方向对催化剂层进行线性扫描的俄歇谱图。图 6.4(a)~(d)是催化剂层由内到外顺序扫描的检测结果,扫描总长度约为 10μm,图 6.4(e)为 h-BN 标准样品的俄歇谱图。在此需要说明的问题是,由于试样导电性较差,在实验过程中会出现荷电现象,由此会导致所得到的谱图中元素的峰能量值与元素标准俄歇峰值有细微差别。然而,根据俄歇的基本原理,即便有杂质或者荷电的

存在，也只能改变元素俄歇电子跃迁的能量，而不会显著改变俄歇谱图的形状，特别是具有典型特征的谱图形状[162]。

在图 6.4（e）中箭头所指位置存在着明显的"伴峰"，这些峰与 B 和 N 原子在材料中的电子结构和杂化成键有直接关系[166]。c-BN 是以 sp^3 杂化成键，而 h-BN 是以 sp^2 杂化轨道形成离域的平面 π 键，此伴峰应为六方相存在的特征峰，可以用此伴峰结构来判断 B、N 原子的成键情况[167]。由图 6.4（a）～（d）可以看出，在催化剂层中由内到外，伴峰的形状越来越明显，由于在实验开始前对催化剂层横断面已采用氩离子对表面氧化层进行了溅射清除，此峰形的改变应意味着在催化剂层中由内到外 h-BN 的含量呈逐渐增加的趋势。

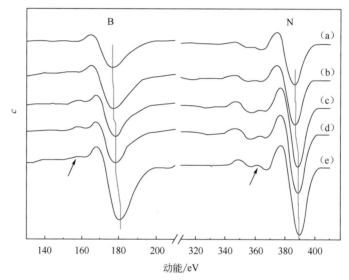

图 6.4　催化剂层中 B 和 N 原子的 AES 谱[（a）～（d）为催化剂层由内向外扫描,（e）为 h-BN]

为了更加精确地表征催化剂层中 B 和 N 精细结构的变化情况，在 c-BN 催化剂层选取了三个点进行俄歇实验，如图 6.5 所示，各点之间的间距约为 5μm。

图 6.6 为 c-BN 单晶和催化剂层不同区域的 B、N 原子 KVV 的 AES 谱图。其中图 6.6（a）为 c-BN，图 6.6（b）～（d）为接近 c-BN 单晶至催化剂外层 1～3 点顺序检测的 AES 结果。在 AES 实验中，由于所检测到的相关元素的半峰宽都相对较大，因此，在对 B、N 特征峰定位时取单峰最高点及最低点的中点位置所对应的结合能为参考依据。从图 6.6（a）中可以看出，在 c-BN 单晶中 B 原子的 AES 特征峰主要有三个，分别位于高能端 A_1

（172eV）和低能端 A_2（157eV）、A_3（148eV），其中 A_3 峰可认为是由 A_1 峰引起的等离子体损失峰。同样，N 原子的特征峰也有三个，分别位于 A_1（380.5eV）、A_2（360.5eV）和 A_3（348eV）。相对于费米能级来说，B 原子的价带密度有 V_1（−5.7eV）、V_2（−8.6eV）、V_3（−13.1eV）、V_4（−15.8eV）和 V_5（−21.6eV），这些能级的存在将引起 B 原子 KVV 俄歇电子能量的偏移[168]。同一试样中，由等离子体损失而引起的峰偏离通常出现在低于 B 原子高能端峰值约 27eV 的位置。这与图 6.6（a）中的低能损失峰出现在 148eV 实验结果基本一致。

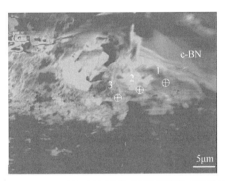

图 6.5　AES 检测的催化剂层横断面形貌图

h-BN 中 B 和 N 原子的 AES 谱图与 c-BN 有明显的不同。文献[168]中报道在 h-BN 中，B 的 KVV 峰应为六个，分别是低能端的 A_2（160.5eV）、A_3（151eV）和 A_4（143.5eV），和高能端主峰 A_1（173eV）及其他两个峰 A_5（180.5eV）、A_6（187eV）。其价带密度为 V_1（−3.5eV）、V_2（−4.9eV）、V_3（−7.0eV）、V_4（−8.1eV）、V_5（−11.1eV）和 V_6（−17.8eV）。其中，高能端的 A_5（180.5eV）和 A_6（187eV）峰在 c-BN 中不存在。同样，在 h-BN 中 N 的 KVV 峰有主峰 A_1（383eV）和肩峰 A_2（374eV），以及另外两个峰 A_3（366eV）和 A_4（352.5eV）。其中，肩峰 A_2 通常会出现在主峰 A_1 低能端约 9eV 的位置，这是 h-BN 区别于 c-BN 的主要特征峰之一。利用 B 和 N 的 KVV 峰形不同即可区分 sp^2-BN 和 sp^3-BN。

AES 谱中峰的位置、峰的宽度和峰的形状的变化可以提供催化剂层中 B、N 原子之间相互作用的有关信息。从图 6.6 中可以看出，B、N 在催化剂层中不同区域的结构是不同的。图 6.6 显示在催化剂外层（标为 3 点）的 B 和 N 的谱图与 h-BN 非常接近，其峰位与文献中的报道基本一致。在催化剂层中由外到内，属于 h-BN 的 B-KVV 特征峰 180.5eV 和 187eV 以及 N-KVV 的特征峰 374eV，其峰值逐渐降低，峰形逐渐弱化。这一结果说明在靠近 c-BN 单晶处，B 和 N 接近于立方相结构，而靠近催化剂外层，B 和 N 呈现出较强的六方相结构。这一实验结果与 Raman 实验结果基本相符合。

结合 Raman 谱图和 AES 实验，可以初步判定催化剂外层的主要物相结构为 h-BN。在 h-BN 向 c-BN 转化的过程中，正是催化剂层中催化剂相与 h-BN 相互作用并促使其结构转变。在高温高压条件下，B 和 N 原子扩散进入催化剂层中，六方结构被破坏，B、N 原子在催化剂的作用下逐渐发生电子结构的变化。一方面，B、N 原子不断地溶于熔化的催化剂中，促使 c-BN 不断形核；另一方面，B、N 原子不断地在生长着的 c-BN 表面以立方相结构析出。

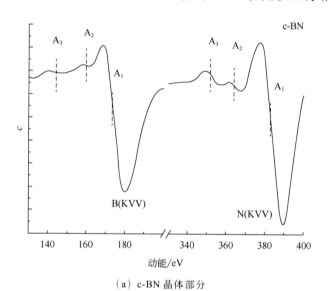

（a）c-BN 晶体部分

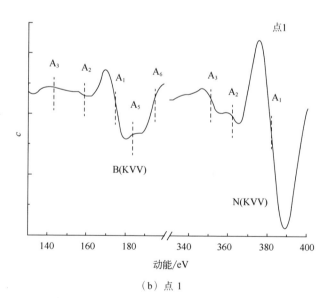

（b）点 1

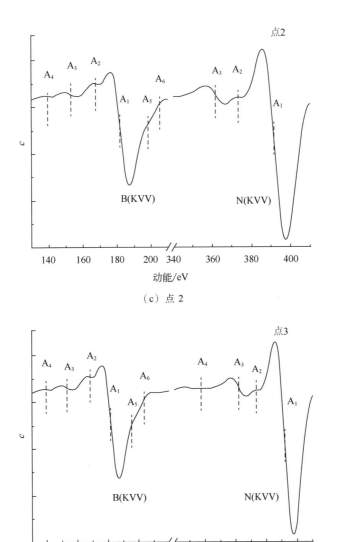

图 6.6　c-BN 单晶（a）和催化剂层[（b）～（d）]中 B、N 原子的 AES 谱

6.3　催化剂层 B、N 电子结构的 XPS 分析

XPS 定性分析的主要依据是利用元素的光电子谱线的特征能量值，通

过对内壳层电子能级谱对应的化学位移进行测定,从而推知原子之间的结合状态和元素电子分布状态[169]。定量分析的依据在于把所收集到的信号强度转变为该元素的相对含量,将谱峰面积换算成元素的相对含量[163]。一般采用灵敏度因子法对元素进行相对定量分析,同时还应注意扣除有影响的 X 射线伴峰,如有震激伴峰(shake-up)等时,谱峰强度为主峰面积与伴峰面积之和[163]。

根据前期研究结果,高温高压下合成的 c-BN 催化剂层对单晶合成起着重要作用,存在着 B、N 原子电子结构的变化情况。分析被测元素内层电子能级有关的具有特征能量的光电子信息(如强度、能量等),就可以得出界面层中元素的组成及电子结构信息。因此,利用 XPS 技术研究锂基 c-BN 界面层各元素(B、N、Li 和 C)原子最外层电子的状态,可以进一步寻找 B、N 原子电子结构转变的证据[170],并且可以对转变过程中 sp^2 和 sp^3 具体的含量变化情况进行定量分析,从而研究催化剂层中电子结构变化与 c-BN 单晶催化机理的相关性。

6.3.1　六方氮化硼和立方氮化硼的 XPS 谱图

元素电子结合能(binding energy)代表了原子中电子与核电荷之间的相互作用强度,是元素定性分析的重要参数。由 Koopmans 定理可知,电子的结合能应是原子在发射电子前后的总能量之差[171]。对固体样品,必须考虑晶体势场和表面势场对光电子的束缚作用。若样品和谱仪有良好的电接触,其 Fermi 能级和谱仪的 Fermi 能级重合,若导电性稍差,则需要对样品进行重新标定。在对 c-BN 界面进行实验过程中,由于所涉及的六方相和立方相导电性均弱于导电材料,因此,在实验时首先将原材料 h-BN 和合成后的 c-BN 单晶进行 XPS 分析,从而对 B、N 的结合能进行校准。

图 6.7 为 h-BN 和 c-BN 的 XPS 谱图,对比该图可以发现 h-BN 和 c-BN 的 B、N 元素的主峰位置相一致。然而从 h-BN 的 B_{1s} 和 N_{1s} 的主峰高能端均发现存在明显的携上伴峰,这是由于在光电发射中,原子内壳层形成空位,中心电位发生突然变化而引起的价壳层电子跃迁到更高能级的束缚态,即所谓的电子震激,结果在主峰高结合能端会出现一个能量损失峰(shake-up)。这本身也是一种弛豫过程,可以获得原子内弛豫信息[172]。在 h-BN 中,由于 B、N 原子以 sp^2 杂化存在,并在平面上形成共轭 π 键,这些共轭 π 键的存在可以使 B_{1s} 和 N_{1s} 的主峰高能端产生携上伴峰,如图 6.8 所示。携上伴峰通常出现在 B_{1s} 和 N_{1s} 的主峰高能端约 9eV 处,是六方相共轭 π 键的指纹

特征峰（π plasmon loss peak），可以用来鉴别 h-BN 的存在，并且可以通过该峰的强度大小来分析 h-BN 的含量变化情况[134,168,173,174]。测试时以样品表面自然污染的 C_{1s} 能级的 $E=285.0eV$ 作为标准，校正其他待测谱峰的结合能[175]。从图中可以得知，B_{1s} 的结合能为 189eV，N_{1s} 的结合能为 398eV，与 XPS 标准谱图手册[176]数据相一致。

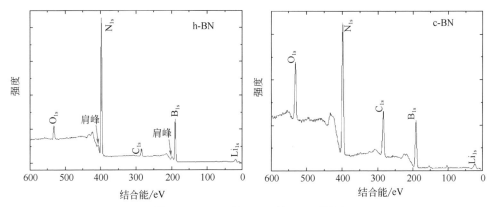

图 6.7　h-BN 和 c-BN 的 XPS 谱图

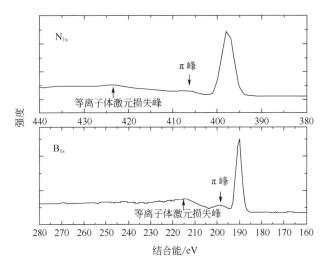

图 6.8　h-BN 中 B_{1s} 和 N_{1s} 的 XPS 携上伴峰谱图

除此之外，图 6.8 显示在 B_{1s} 和 N_{1s} 的主峰高能端约 25eV 附近还存在等离子体激元损失峰（bulk plasmon peak），这些峰是由于当具有足够能量的电子通过固体时，引起导带电子的集体振荡，产生能量，从而在谱图上产生能量损失峰。此峰在 h-BN 和 c-BN 的 XPS 谱图中都存在。

6.3.2   立方氮化硼/催化剂层界面电子结构的 XPS 分析

图 6.9 是 c-BN 催化剂层进行分层取样所得到的 XPS 全谱图,依次为催化剂内层、中间层和外层。样品制备方法如 XRD 分层实验(5.2.1 立方氮化硼/催化剂层界面物相结构的 XRD 分析)一致,每层取样厚度大约为 10μm。在每一层中,均检测到了 B、N、C、O 和 Li 元素的存在,其含量在不同层中略有不同,其中,Li 的含量在催化剂内层是最高的。c-BN 在催化剂相中形核后会与催化剂隔离,单晶/催化剂层界面形成,此时在此界面上应存在大量的 Li_3BN_2,即在催化剂内层 Li 的含量应为最高,这和图 6.9 中实验结果相符合,进一步证实了 c-BN 单晶应在催化剂层进行形核及生长。

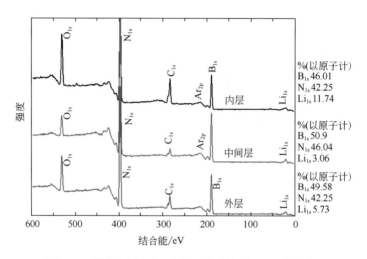

图 6.9   催化剂内层、中间层和外层的 XPS 谱图

XPS 发出的光电子在样品内的自由行程通常仅有几十个原子单层,其测试范围通常为几微米。在催化剂层分层 XPS 实验中,全谱所包含的应该是混合物相结构的界面信息。由于在催化剂层中 h-BN 和 c-BN 的理论原子比均为 1:1,因此通过 XPS 全谱中 B 及 N 含量的原子比无法清晰地判定在不同层中电子价态的变化情况。在此基础上,我们对 c-BN 催化剂层采用氩离子溅射的深度刻蚀方法,对 B 及 N 的电子结构变化进行了分析。

图 6.10 给出了垂直于合成后的 c-BN 单晶表面进行深度刻蚀的 B_{1s}、N_{1s} 的 XPS 谱图。实验中,由离子束在试样表面进行溅射,从而形成一个直径略大于设备光束斑的凹陷口,随着溅射的不断进行,凹陷口深度不断加大,利用 XPS 谱仪对凹陷口底部的元素组分进行不间断地测量,以得到元素电

子结构变化随深度分布的具体情况。在实验开始前采用氩离子对催化剂层表面溅射 20min 以除掉表面氧化层。图 6.10 中（a）线代表催化剂外层的 XPS 谱图，（b）、（c）、（d）线分别代表溅射时间为 50min、120min、200min 后对凹陷口的 XPS 扫描图，（e）线代表的是 c-BN 单晶纯品的谱图。以扫描速度为 100nm/min 来计算，此实验所测试的催化剂层厚度大约为 20μm。

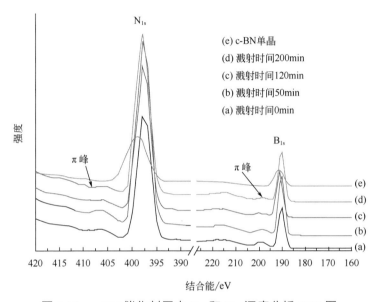

图 6.10   c-BN 催化剂层中 B_{1s} 和 N_{1s} 深度分析 XPS 图

经由 C_{1s} 校正后的 B_{1s} 结合能为 190.3eV，N_{1s} 结合能为 397.9eV，与文献中的 B、N 结合能相一致[134,174,177]。在 B_{1s}、N_{1s} 的主峰高能端 9eV 左右存在明显的携上伴峰，并且随着溅射时间的延长，即越来越接近 c-BN 单晶表面，携上伴峰的强度越来越低，这就意味着在此过程中具有 sp^2 杂化态的 h-BN 的含量逐渐降低。在此需要指出的是，在溅射过程中，由于样品存在一定的厚度，在 XPS 光电子散射时会受到厚度的影响，但是峰的形状将不会发生改变[163]。由此可以认定此时携上伴峰的强度减弱是由于 h-BN 含量降低所引起的。

图 6.11 给出了随着溅射时间的变化，催化剂层中 Li、B、N、O 和 C 的原子含量变化规律。图中显示随着溅射时间的延长，即越来越靠近单晶表面，B 和 N 原子的含量开始时都呈现增加的趋势，溅射 60min 后其原子含量基本保持不变。然而值得注意的是，虽然随溅射时间延长，B 和 N 的含量都发生了改变，然而其原子比（B：N）基本保持在 1.18～1.34

之间。结合图 6.10 和图 6.11 可知，在催化剂层中从外到内，sp^2 的含量逐渐降低，那么相对应的 sp^3 的含量应该逐渐增加。这一结果与 XRD 及 AES 实验结果相对应，即在催化剂层中，B 和 N 的电子结构应该是由 sp^2 向 sp^3 逐渐转化。

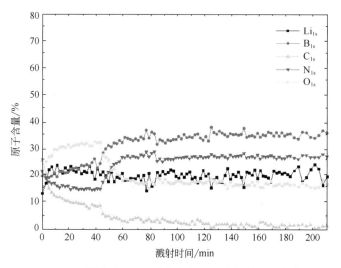

图 6.11   催化剂层中成分含量随溅射时间的变化

c-BN 单晶/催化剂层界面可以保留较多的关于高温高压合成的信息。XPS 实验结果为催化剂层在 c-BN 形核和生长中的作用提供了参考依据，在高温高压下，c-BN 首先在催化剂中由 h-BN 直接转变而形成，这一点可以从图 6.11 中 Li 元素在界面层中一直保持比较高的原子含量可以看出。由 XRD 结果可知，在高温高压熔体中，Li_3BN_2 作为催化剂促使 sp^2 向 sp^3 转化。由于最外层电子缺失，Li^+ 将吸引六方相 N 原子中的外层电子，同时 B 原子随 N 原子外层电子的变化而发生外层电子转移。由此，B 和 N 的最外层电子结构变为 $2s^2 2p^2$，随之释放 s 轨道电子给予 p 轨道并形成 sp^3 杂化态。在此过程中，Li_3BN_2 作为催化剂起到了为 B、N 之间进行电子转移的作用，而其自身的结构并未发生改变。这一结果进一步证明了 c-BN 单晶由 h-BN 在高温高压条件下发生固相转变而得到。

6.3.3   立方氮化硼/催化剂层界面 sp^2 及 sp^3 的含量分析

XPS 可用于催化剂层中 sp^2 及 sp^3 的含量分析，通常情况下，XPS 谱线是由许多峰重叠产生的，其中各峰的强度和峰形各不相同[170]。价带区包括了基态价带和激发态的电子结构信息，其峰的叠加更加复杂。在 XPS 实验中，所得到的无论是 B 还是 N，其信息都应是六方相和立方相甚至杂质相的元素谱图相叠加的结果。为了从这些相互重叠的峰中得到原始信息，对 sp^2 和 sp^3 进行定量，就需要进行拟合分峰处理或解谱[178]。目前常用的是曲线拟合的方法，即根据可能出现的峰的个数和峰参数（如峰位、峰宽、非对称因子等）对采集的谱数据进行二次微分，从而进行定量分析。

XPS 分析测试中，B 的 sp^2 和 sp^3 包络在 B_{1s} 峰中，其间隔小，一般小于能谱仪器能量分辨率，因此在定量分析时需进行分峰拟合。XPS 谱解叠时，通常采用 Gauss/Lorenz 混合型函数表示光电子能谱。根据 XPS 的组分测量公式，sp^3 的组分浓度可写为：

$$n_{sp^3} = \frac{I_{sp^3}}{I_{sp^3} + I_{sp^2}} \quad [178]$$

式中，n 为组分浓度；I 为组分的峰强度，通常用分峰后的积分净面积来表示。在实际拟合过程中，调节峰位及峰半高宽（FWHM）等参量，采用最小二乘法进行拟合。本文采用固定峰位的方法，尽量减少可调参量，可以得到较好的拟合效果。

拟合计算前，首先要对包络峰进行本底扣除，由于所涉及的 B_{1s} 谱存在明显的光电子散射效应，因此计算时采用 Shirley 非线性本底扣除法进行背景扣除。该方法的理论依据为能量损失是常数，谱线上任何一点由非弹性散射电子引起的背景，只来源于更高动能电子的散射，其正比于更高动能的积分光电子强度（即峰面积）[179]。在此，采用对 B 元素进行分峰拟合以确定 sp^2 及 sp^3 含量的方法。拟合时，固定 B_{1s} 的 sp^2 及 sp^3 的初始峰值为 190.5eV 和 192eV[180]，同时参考 FWHM 数值进行分峰。用最小二乘法拟合 B_{1s} 谱峰结果，进行定量计算。

图 6.12 为催化剂层中不同深度 B_{1s} 元素的电子结构分析，采用 XPS-peak 软件对 B_{1s} 进行分峰以获得 sp^2 及 sp^3 的含量变化情况，其中图 6.12（a）～（f）分别代表刻蚀时间为 0min、50min、100min、150min、200min、300min 时凹陷口表面的电子结构变化，在此过程中采用 Shirley 扣除本底，以半峰高宽为分峰准确度的参考。在此只考虑 B 的 sp^2 及 sp^3 的变化，不考虑其它杂质相存在的情况。

经分峰处理后的 B 元素的 sp^2 及 sp^3 积分面积、半峰高宽及含量见表 6.1。由此可知，在催化剂层中由外到内，sp^2 的含量由 61.18% 降低到 28.24%，而 sp^3 的含量由 38.82% 增加到 71.76%，定量证明了 sp^2 逐渐向 sp^3 杂化过渡转化的过程。

表 6.1   催化剂层 B 元素 sp^2 及 sp^3 含量变化情况

样本	溅射时间/min	sp^2-面积（FWHM/eV）	sp^3-面积（FWHM/eV）	总面积	sp^2-含量/%	sp^3-含量/%
a	0	3006.52(1.77)	1907.78(1.52)	4914.30	61.18	38.82
b	50	2780.35(2.05)	2003.37(1.83)	4783.72	58.12	41.88
c	100	1346.55(1.65)	1007.71(1.50)	2354.26	57.20	42.80
d	150	2741.06(1.96)	2155.17(1.78)	4896.23	55.98	44.02
e	200	2465.96(1.96)	2485.55(1.95)	4951.51	49.80	50.20
f	300	872.72(0.76)	2217.77(1.20)	3090.49	28.24	71.76

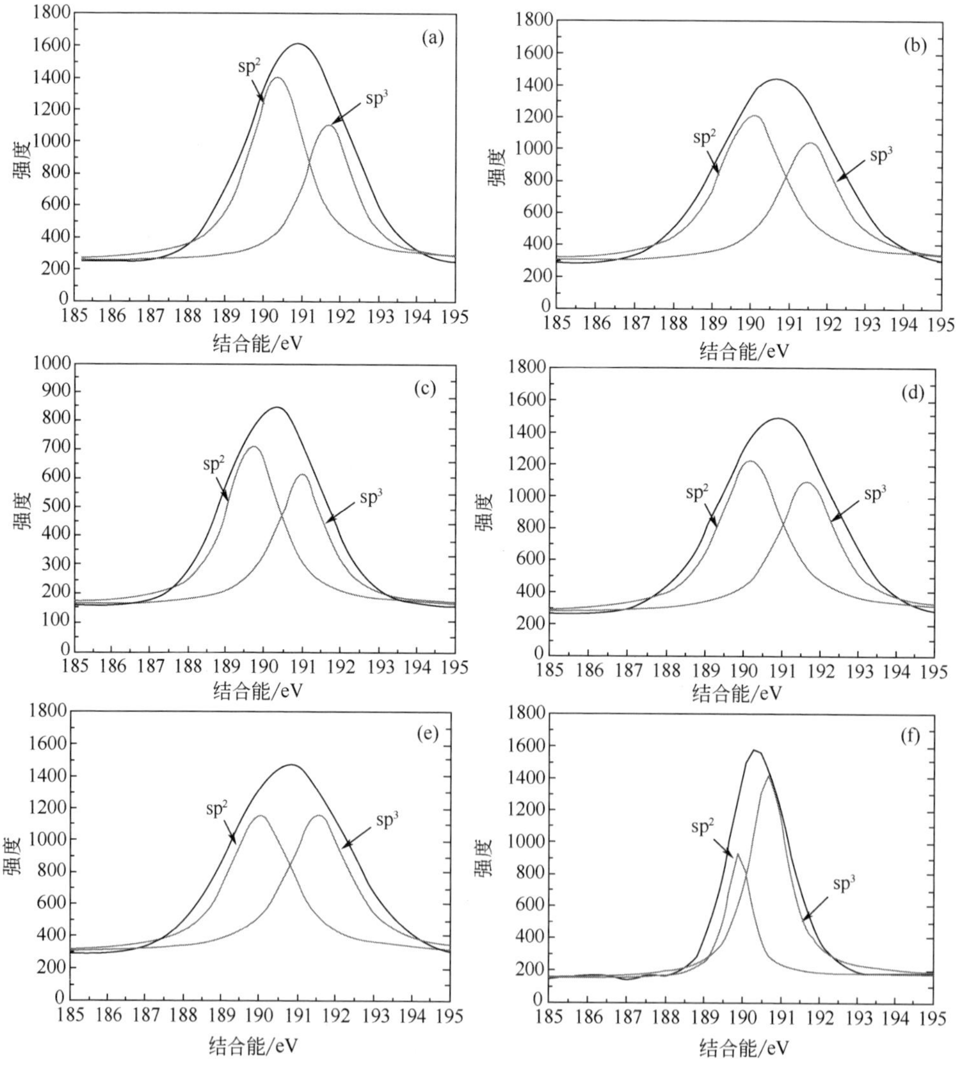

图 6.12   催化剂层中 B_{1s} 的 XPS 分峰解析

[（a）～（f）分别代表刻蚀时间为 0min、50min、100min、150min、200min、300min 时 B_{1s} 的 XPS 分析]

6.3.4　立方氮化硼催化剂层元素化学态分析

利用 XPS 可以检测出试样表面组成元素原子在价带谱上的谱峰和谱形，可以定性地分析 c-BN 催化剂层的不同原子的成键状态。图 6.13 为选取的经氩离子溅射后的催化剂外层的 XPS 全谱，其距离 c-BN 单晶表面约 20μm。从图中可以看出，经过氩离子溅射后，在催化剂层中，除了 Li、B、N 元素外，还存在 C、O 等元素。同时，通过利用氩离子进行溅射，在 XPS 结果中引入了 Ar 元素，由于是污染物，因此对其含量不做分析。在此过程中结合样品中含有的 C 原子的标准结合能（285.0eV）进行谱图校准，采用元素灵敏度因子法可求得各元素的相对原子含量，其中，B_{1s} 为 35.87%，N_{1s} 为 22.80%，Li_{1s} 为 16.25%，O_{1s} 为 21.85%，C_{1s} 为 2.97%。

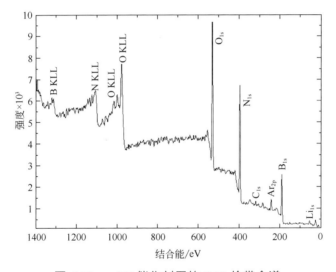

图 6.13　c-BN 催化剂层的 XPS 价带全谱

由 XPS 全谱图结果可以判断在催化剂层中应存在着多种物质的混合，为了确定上述几种元素间的成键状态，判断可能存在的物质，对不同元素进行窄谱扫描分析。图 6.14 为 c-BN 催化剂层不同元素的 XPS 价态谱，其分峰后的拟合峰位及成键态见表 6.2。

图 6.14（a）为 B_{1s} 的 XPS 谱图，相对于 h-BN 标准试样的半峰高宽（0.92eV）来说[176]，此时 B_{1s} 的半峰宽较大，说明该峰宽应由两种以上类型的化学键组成。分峰拟合结果表明，B_{1s} 包括三个分峰，分别位于 188.81eV、190.53eV、192.42eV。其中，位于 190.53eV 的最强峰与 B-N 相对应，次强峰位于 188.81eV，其结合能比 B-N 要低，由于 C 原子的电负性比 N 原子低，

因此判断可能为 B-C 键，经过与 XPS 标准图谱手册[181]和文献[182]比对，可以判断此峰与 B_4C 中 B_{1s} 的结合能一致。第三峰位于 192.42eV，其结合能与 B_2O_3 化合物中 B_{1s} 的结合能基本一致[183]。

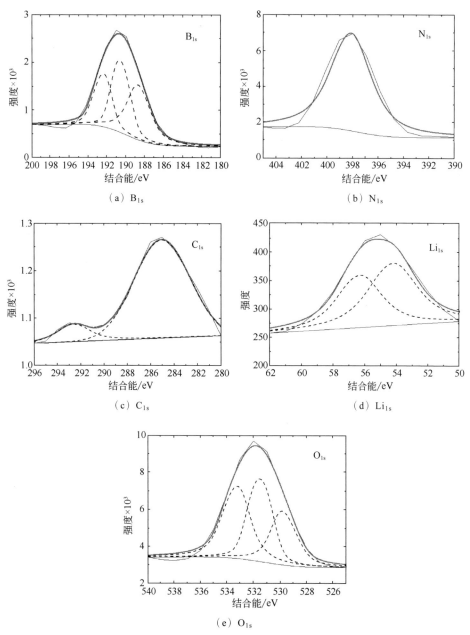

图 6.14   c-BN 界面层不同元素的 XPS 价态谱图

图 6.14（b）为 N_{1s} 的 XPS 谱图，拟合后 N 的主要化学键应为 B-N，其结合能为 398.31eV。图 6.14（c）为 C_{1s} 的 XPS 谱图，其分峰后的结合能为 284.6eV 和 292.63eV，分别对应 C-C 键和 C-O 键。图 6.14（d）为 Li_{1s} 的 XPS 谱图，其分峰结合能为 54.23eV 和 56.34eV，其结合能与标准谱图中的 LiOH 和 Li_2CO_3 一致[181]。图 6.14（e）为 O_{1s} 的 XPS 谱图，其分峰结合能为 529.72eV、531.51eV 和 533.31eV，分别对应 O-O、C-O 和 B-O 键[177]。结合分峰结果可以对 c-BN 催化剂层可能存在的物质进行判断，结果见表 6.2。

表 6.2　c-BN 催化剂层不同元素结合能及成键态

元素	结合能/eV	成键态	半峰宽/eV	含量/%（以原子计）
B_{1s}	188.81	B-C	2.16	
	190.53	B-N	0.67	35.87
	192.42	B-O	0.83	
N_{1s}	398.31	B-N	3.10	22.83
Li_{1s}	54.23	Li-O-H	3.27	16.38
	56.34	Li-C-O	2.88	
C_{1s}	284.6	C-C	5.41	2.97
	292.63	C-O	2.86	
O_{1s}	529.72	O-O	1.55	
	531.51	C-O	0.64	21.95
	533.31	B-O	1.70	

在催化剂外层中存在着 B-N、B-C、B-O、C-O、C-C、Li-O-H 及 Li-C-O 等成键态，其中碳可能来源于原材料。结合 XRD 实验等可以推断出界面层的主要存在物质为 BN（sp^2 和 sp^3）、B_2O_3、B_4C、Li_2CO_3、LiOH 等。其中 B_2O_3 可能来源于原材料中的杂质，而 B_4C 的存在则有可能与高温高压条件下，B、C 键间相互重新排列组合有关。Li_{1s} 在 c-BN 界面层中具有一定的原子含量比，其存在形式可能为 Li_2CO_3、LiOH，这些物质的存在可能是因为含 Li 化合物具有一定的化学活性，当合成过程中混入一定量的氧之后，在高压釜中会发生一定程度的氧化，生成新的化合物，而在快速冷却过程中随着界面层一起以原状态保留下来。XPS 定量分析表明，在 c-BN 界面层中，BN 应为主要存在物质，由于 B_2O_3、B_4C 的存在，B∶N（原子含量比）约为 1.573。

6.4 立方氮化硼/催化剂层界面的 EELS 分析

电子能量损失谱（electron energy loss spectroscopy，EELS）可以实现横向分辨率 10nm，深度 0.5～2nm 的区域内电子结构分析，能够更好地辨别原子、分子的结构和化学特性[135,184]。电子能量损失谱中谱线"边缘"，即 K 电离边，能够反映元素的化学状态和表面原子的排列情况。与俄歇电子能谱相比，EELS 具有更高的表面灵敏性；同时，又兼具 XPS 所没有的微区分析能力，在价态原子定量分析上具有更高的准确度，尤其是在轻元素分析中灵敏度更高[185,186]。沿用前期 XRD 实验的制样方法，在光学显微镜下以 c-BN 单晶为基体，将其表面催化剂层进行分层取样，分别记为催化剂内层、催化剂中间层和催化剂外层，其距离 c-BN 单晶表面的距离大约为 10μm、20μm、30μm。本实验利用装有 GIF678 设备的 JEOL-2010F 型场发射透射电子显微镜进行元素成分分析。

h-BN 和 c-BN 在结构上存在明显的差异，其 B、N 原子之间的杂化方式完全不同。其中，c-BN 为 $sp^3\sigma$ 的电子构型，B 原子与邻近的 4 个 N 原子结合，这时的 B 和 N 以 σ 键结合。而 h-BN 为六边形层状结构，为 $sp^2\pi$ 的电子构型，B（或 N）与同层上的三个 N（或 B）原子结合，此时的 B-N 键也是 σ 键。而另外一个空余的结合键与该层面外的另一个相邻原子结合，即空间 π 键[187]。将不同催化剂层采集到的 B 和 N 原子的 K 边进行本底扣除后采用傅立叶方法（Fourier-ratio）进行解卷积以去除多重散射的影响[188]，便可得到如图 6.15a～c 所示的催化剂外层、中间层和内层中 B 和 N 原子的能量损失谱。

图 6.15 为 h-BN 标样和不同催化剂层中 B 和 N 的 EELS 谱图。在该图中，h-BN 中 B 原子的 σ*峰均出现在约 188eV 处，在其低能量端约 6eV 处，存在另一较尖锐的峰，即具有明显 sp^2 特征的 π*峰；N 原子的 σ*峰出现在约 400eV 处，其 sp^2 特征的 π*峰出现在约 394eV 处，这一数据与相关文献基本一致[133,189-191]。同时，比较 h-BN 和催化剂层中 B 和 N 的谱形可知，从催化剂内层到外层，σ*峰的宽度逐步宽化，其相对能量损失值也有明显改变，π*峰的强度也有差别，尤其是在催化剂内层，N 的 π*峰几乎不可见。由 Berger 理论[135]可知，π*峰和 σ*峰的面积应分别对应于 sp^2 和 sp^3 含量，由此得知，从催化剂外层到内层，sp^2-BN 含量逐渐减小，而相对应的 sp^3-BN 含量逐渐增加。其中，催化剂外层的 B 和 N 的 π*和 σ*峰较尖锐，其形状和 h-BN 标准试样的谱线极为相似。

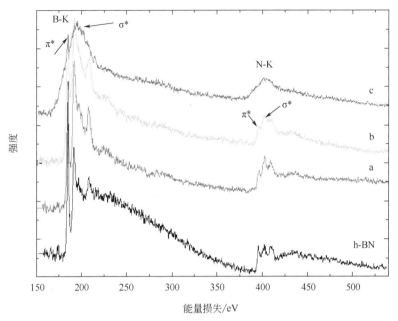

图 6.15　h-BN 标样及催化剂分层 B 和 N 的 EELS 谱图

a—催化剂外层；b—催化剂中间层；c—催化剂内层

为了进一步确定在 c-BN 催化剂层中原子构型的变化，本文采用双窗口法进行数据分析。由于 B 元素具有较高的 K 边能量，因此本文只分析界面层中 B-sp^3 含量的变化情况。

双窗口法是以 π* 和 σ* 的初始端开始选定某一段能量窗口进行积分，从而得到 π* 和 σ* 峰的强度。计算时，首先要选定 π* 和 σ* 峰的能量范围。在选取能量窗口时通常要考虑两点[192]：一是 π* 和 σ* 峰的能量窗口必须与标准试样峰的最大值一致；二是样品的厚度会对 EELS 电离峰产生很大的影响，因此 π* 和 σ* 峰的能量窗口的重叠率应保证尽可能低，同时离子损失峰的影响也要最低。在选择能量范围时，π* 和 σ* 峰的能量窗口的取值范围尽量相等。在本文中，双窗口法计算时 I_{π^*} 和 I_{σ^*} 采用 5eV（181～186eV）和 5eV（190～195eV）进行积分，如图 6.16 所示。B-sp^3 含量的计算采用如下公式进行计算：

$$n_{sp^3} = \frac{sp^3}{sp^2 + sp^3} = \frac{\dfrac{I_{\sigma^*}^s}{I_{\pi^*}^s + I_{\sigma^*}^s}}{\dfrac{I_{\sigma^*}^h}{I_{\pi^*}^h + I_{\sigma^*}^h}} \times 100\% \quad [193]$$

式中，h 代表标准样品 h-BN；s 代表 EELS 测试样品。

由此，以 h-BN 为标准样品，将催化剂层中各试样中 B-K 边的 π*和 σ* 的峰值与之相比，即可得到样品中 sp^3 或者 sp^2 的相对含量。

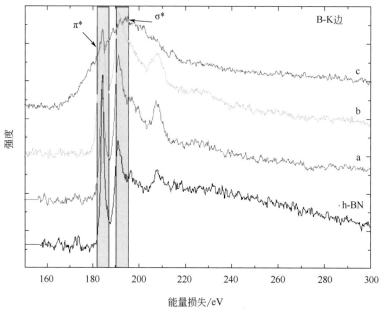

图 6.16　催化剂层双窗口法 B-sp^{3}含量的计算
（方框代表双窗口法，表示能量窗口积分强度）
a—催化剂外层；b—催化剂中间层；c—催化剂内层

由此计算可以得出，在 c-BN 催化剂外层、中间层和内层，B-sp^3 的含量分别是 63.47%、67.24%和 79.53%，其含量呈现逐渐增加的趋势。文献[194]指出，在 EELS 实验中，样品厚度可以对多次散射产生影响，但也只能改变跃迁电子的损失能量，即改变原子的 EELS 峰的强度，而不能较大程度地改变原子 EELS 谱的形状，即峰位。故可以认为，在 c-BN 单晶催化剂层中 B 原子的电子构型已经发生了较明显的变化。在催化剂外层，B 原子的 EELS 谱形状与标准试样 h-BN 的 EELS 谱形更为相似，B 的 π*峰具有较高的强度。而在催化剂内层，π*峰强度明显降低，σ*峰的宽度明显增大，这说明在 c-BN 的生长中，由催化剂外层向内层，B 原子的电子构型由 h-BN 的 sp^{2}π 杂化态逐渐向 c-BN 的 sp^{3}σ 杂化态转化。

需要说明的是，这一结果的变化趋势与 XPS 实验结果相似，然而其结果不尽相同。XPS 中 sp^2 和 sp^3 含量分析的主要依据是分峰拟合，而 EELS

实验中，以 h-BN 为标准样品，其数据的可靠性与准确性相对要高。

根据催化剂层中 B 和 N 原子电子结构及含量的变化规律可以进一步证明：c-BN 在高温高压生长过程中，其形核和生长是逐步在催化剂层中完成的。c-BN 在催化剂 Li_3BN_2 催化作用下发生直接转变形核，具有 sp^2 杂化态的 h-BN 不断向 sp^3 杂化态转化，并逐渐形成浓度梯度，向已形成的单晶颗粒扩散，从而完成单晶的生长过程。

第 7 章

高温高压合成立方氮化硼的热力学分析

　　研究相变热力学的主要目的是计算相变驱动力，以相变驱动力大小决定相变的倾向，从而判定相变机制。高温高压条件下采用热力学处理相变问题，就是要考虑各相的能量状态随温度、压力改变所产生的能量变化，如 h-BN 在高温高压条件下转化为 c-BN 时，六方相和立方相随温度、压力变化所处的能量状态等。虽然热力学在处理相变问题时不涉及原子之间相对位置或原子之间结合力的变化等，不能够直接解释相变的过程，但通过热力学计算的方式可以对 c-BN 高温高压催化机理提供重要的理论依据。

　　前面的表征实验结果均表明，催化剂层在高温高压催化剂法合成 c-BN 中起着重要作用。c-BN 在催化剂层中完成形核及生长的过程，催化剂层不仅起到催化作用，还担任着输送 B、N 原子的作用。HRTEM 实验结果表明在催化剂层不同位置均存在纳米颗粒的 c-BN，并在 c-BN 微颗粒周围发现了 Li_3BN_2 物相的存在。TEM 实验也证实了 c-BN 单晶颗粒界面处存在六方相和立方相，XRD、XPS、AES 等实验结果也证实了 c-BN 催化剂层中 sp^2 和 sp^3 的含量是逐步变化的，EELS 对这一变化过程进行了定量分析。这些表征结果表明，c-BN 应在催化剂的作用下由 h-BN 直接转变而来。结合有关文献提出的固相转变机理和溶剂析出机理，在 c-BN 的生长过程中，这两种机理分别对应的反应是：h-BN$\longrightarrow$c-BN 和 $Li_3BN_2\longrightarrow Li_3N$+c-BN，即高温高压下 c-BN 中的 B 和 N 是直接由 h-BN 提供还是由 Li_3BN_2 分解产生的问题。

　　本章利用经典的热力学 Gibbs 自由能 $\Delta G<0$ 为反应发生的判别依据，

分析上述不同反应热力学发生的可行性，利用爱因斯坦热容公式、Birch-Murnaghan 三阶状态方程等计算 c-BN 转变反应中各物相结构在高温高压条件下的热力学参数，从而得出不同反应 ΔG 随温度、压力的变化情况，进而从热力学角度探讨 c-BN 生长的 B、N 来源问题，并在此基础上研究 c-BN 的合成特性和热力学条件，分析高温高压下 c-BN 的催化机理。

7.1　高温高压条件下 Gibbs 自由能变化的关系式

由热力学第二定律可知，相变反应向体系自由能降低的方向进行，反应过程中 ΔG 应小于零。由于 c-BN 在合成过程中涉及到高温高压，所以首先需要解决的是各参数随温度、压力变化的情况。利用物理学理论中的爱因斯坦热容公式、Birch-Murnaghan 三阶状态方程等获得体系中可能参与反应的各物相结构在高温高压合成条件下的热力学参数。结合 Gibbs-Helmholtz 方程以及 Gibbs 自由能与压强的关系可以计算得知反应的自由能。

高温高压条件下，反应 ΔG 的变化应为：

$$\Delta G(T,P) = \Delta G(T,P)_{生成物} - \Delta G(T,P)_{反应物} \tag{7.1}$$

根据本书第 2 章中所表述的热力学计算方法，在温度为 T、压力为 P 时某物相自由能可表示为：

$$
\begin{aligned}
G(P,T) &= G^{\circ}(P^{\circ},T) + \int_{P^{\circ}}^{P} V \mathrm{d}P \\
&= \Delta_f H_{T_0}^{\circ} + \int_{T_0}^{T} C_P \mathrm{d}T - T\left(S_{T_0}^{\circ} + \int_{T_0}^{T} \frac{C_P}{T}\mathrm{d}T\right) + \int_{P^{\circ}}^{P}(V_0 + \Delta V_P + \Delta V_T)\mathrm{d}P
\end{aligned}
\tag{7.2}
$$

式（7.2）中，$\Delta_f H_{T_0}^{\circ}$ 表示的是参与物相的标准摩尔生成焓，$kJ \cdot mol^{-1}$；C_P 为等压摩尔热容，$J \cdot K^{-1} \cdot mol^{-1}$；$S_{T_0}^{\circ}$ 为标准摩尔熵，$J \cdot K^{-1} \cdot mol^{-1}$；$P$ 为压力，GPa；V_0 为 298K、P°（1atm）时参与反应物相的原始摩尔体积，V 则表示温度为 T、压力为 P 时物相的体积，单位均为 $cm^3 \cdot mol^{-1}$；ΔV_T 表示 1atm 下温度由 T_0 升高至 T 时物相的摩尔体积的变化；ΔV_P 表示温度为 T 时，压力由 1atm 升至 P 时物相摩尔体积的变化。

由 Kirchhoff 定理可知，常压下反应的焓变 ΔH 与反应温度 T 之间的关系为：

$$\Delta H_T^{\circ} = \Delta H_{298}^{\circ} + \int_{298}^{T} \Delta C_P \mathrm{d}T \tag{7.3}$$

式中，ΔH_{298}° 表示 298K、1atm 条件下反应的焓变；$\triangle C_P$ 为各生成物定

压摩尔热容与各反应物定压摩尔热容的差值。

同时，由熵定义和热力学第三定律可知，常压下反应熵变 ΔS 随温度变化的关系为：

$$\Delta S_T^{o} = \Delta S_{298}^{o} + \int_{298}^{T} \frac{\Delta C_P}{T} \mathrm{d}T \qquad (7.4)$$

结合反应自由能定义式可知：

$$\Delta G_T^{o} = \Delta H_T^{o} - T\Delta S_T^{o} \qquad (7.5)$$

由此，

$$\Delta G_T^{P} = \Delta H_{T_0}^{o} - T\Delta S_{T_0}^{o} + \int_{T_0}^{T} \Delta C_P \mathrm{d}T - T\int_{T_0}^{T} \frac{\Delta C_P}{T}\mathrm{d}T$$
$$+ \int_{P^0}^{P}[(V_0 + \Delta V_T + \Delta V_P)_{生成物} - (V_0 + \Delta V_T + \Delta V_P)_{反应物}]\mathrm{d}P \qquad (7.6)$$

式（7.6）中，$\Delta H_{T_0}^{o}$、$\Delta S_{T_0}^{o}$、ΔC_P 分别表示标准大气压（1atm）、温度为 T_0 时反应的标准摩尔焓变、标准摩尔熵变和等压摩尔热容变化。通过计算 ΔV_T 和 ΔV_P 的变化就可以求得不同温度压力条件下反应的自由能变化情况。

7.2 自由能变化关系式中热力学参数的获得

h-BN、c-BN、Li_3N、Li_3BN_2 的相关热力学参数可从文献[23]和相关无机物热力学数据手册[195]中查到，其原始相关数据见表 7.1。

表 7.1 参与反应物相的相关参数

物相	$V_0/cm^3 \cdot mol^{-1}$	B_0/GPa	B_0'/GPa
c-BN	7.1150	398.6[23]	3.85[23]
h-BN	10.8820	36.7[41]	5.6[41]
Li_3N	27.2031	98[156]	4.04[156]
Li_3BN_2	34.0850	—	—

表 7.1 中 V_0 为 298K、1atm 时物相的原始摩尔体积，B_0 为体积模量，B_0' 为体积模量对压强的一阶导数。h-BN、c-BN、Li_3N 的等压摩尔热容可根据文献[22,156]得出。至于 Li_3BN_2，其相关的摩尔热容数据较少，但文献[196] 对其自由能的数据进行了计算，如图 7.1 所示。根据 Gibbs-Helmholtz 方程，等压摩尔热容 C_P 可由 Gibbs 自由能推导而来。

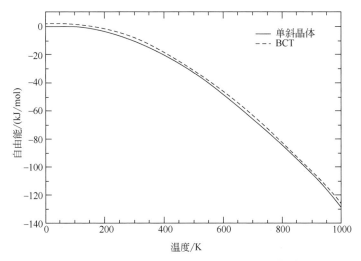

图 7.1　Li_3BN_2 的自由能随温度变化图[196]

由图 7.1 的计算结果可以得知，Li_3BN_2 的自由能可表示为：

$$G^o(P^o,T) = -425.4221 + 0.07512T - 1.778 \times 10^{-4}T^2$$
$$+ 4.144 \times 10^{-8}T^3 + \frac{27.9}{T} - 9.306 \times 10^{-3}T\ln T \qquad (7.7)$$

式中，$G^o(P^o,T)$ 表示压力为 1atm、温度为 T 时 Li_3BN_2 的自由能，单位为 $kJ \cdot mol^{-1}$。由 Li_3BN_2 的 Gibbs 自由能可推导出等压摩尔热容 C_P 如下：

$$C_P = 9.306 + 355.6 \times 10^{-3}T - 5.58 \times 10^4 T^{-2} - 24.864 \times 10^{-5}T^2$$

7.2.1　ΔV_T 的计算

由文献[156]可知，h-BN 和 c-BN 在 298K 时密度分别为 2.28g/cm³ 和 3.487g/cm³，在 298K 时 1mol 的 h-BN 和 c-BN 的体积分别是 10.882cm³ 和 7.115cm³。

高温高压下 h-BN 结构转化为 c-BN 结构，体积的变化 ΔV 不仅与温度有关，还与压力密切相关。本章利用状态方程和晶体的热膨胀系数对晶体体积随温度和压力的变化情况进行计算。

热膨胀系数可以反映温度变化对材料长度及体积的影响，是材料固有的物相参数。固体的体膨胀规律与线膨胀规律相类似，当温度由 T_1 增加至 T_2 时，相应的体积由 V_1 变为 V_2，则：

$$V_2 = V_1[1 + \beta(T_2 - T_1)]$$

即：

$$\Delta V_T = V_0 \beta \Delta T \tag{7.8}$$

公式（7.8）中，ΔV_T 为晶体体积的变化；ΔT 为温度差；V_0 为晶体常温常压下的体积；β 为体膨胀系数。

由文献[146,156]可知，各物相的体膨胀系数分别为：

$$\beta_{\text{h-BN}} = 35.259 \times 10^{-6} + 0.2095 \times 10^{-8} T + 1.2360 \times 10^{-11} T^2 - 7.1994 \times 10^{-15} T^3$$

$$\beta_{\text{c-BN}} = -4.2586 \times 10^{-6} + 4.4762 \times 10^{-8} T - 3.0020 \times 10^{-11} T^2 + 6.6287 \times 10^{-15} T^3$$

$$\beta_{\text{Li}_3\text{N}} = 3.3583 \times 10^{-5} + 6.6389 \times 10^{-8} T$$

关于 Li_3BN_2 的体膨胀系数未有文献报道，但其数值可以通过以下计算方式获得[197]：

$$C_P - C_V = \frac{V_0 T \beta^2}{\kappa} \tag{7.9}$$

公式（7.9）中，C_V 为等体积摩尔热容；κ 为等温压缩系数，其单位为 K^{-1}。κ 与体积模量 B 的关系表示如下：

$$B = \frac{1}{\kappa} \tag{7.10}$$

由体积模量基本公式可知：

$$B = -V \left(\frac{\partial P}{\partial V}\right)_T \tag{7.11}$$

对式（7.11）采用马克劳林级数展开，取一次幂项，可以得到：

$$B = B_0 + B_0' P \tag{7.12}$$

$$C_P - C_V = (B_0 + B_0' P) V_0 T \beta^2 \tag{7.13}$$

在高温条件下取 Li_3BN_2 的 $C_V = 24.80 \text{J·K}^{-1}\text{·mol}^{-1}$[198]，由公式（7.13）得到 Li_3BN_2 的体膨胀系数为：

$$\beta_{\text{Li}_3\text{BN}_2} = 1.68324 \times 10^{-4} + 1.21253 \times 10^{-8} T - 8.96867 \times 10^{-11} T^2$$
$$+ 1.30857 \times 10^{-14} T^3$$

将体积膨胀系数 β 代入公式（7.8）中，可以得出各物相的 ΔV_T 表达式分别为：

$$\Delta V_T(\text{h-BN}) = -0.1143 + 3.7689 \times 10^{-4} T - 1.7284 \times 10^{-8} T^2 + 1.5785 \times 10^{-10} T^3$$

$$\Delta V_T(\text{c-BN}) = 1.0294 \times 10^{-3} - 1.2521 \times 10^{-4} T + 3.8213 \times 10^{-7} T^2 - 2.2765 \times 10^{-10} T^3$$
$$+ 4.7163 \times 10^{-14} T^4$$

$$\Delta V_T(\text{Li}_3\text{N}) = -0.2722 + 3.7538 \times 10^{-4} T + 1.8060 \times 10^{-6} T^2$$

$$\Delta V_T(\text{Li}_3\text{BN}_2) = -1.7097 + 5.6142 \times 10^{-3} T + 1.3243 \times 10^{-6} T^2 - 3.1899 \times 10^{-9} T^3$$
$$+ 4.4600 \times 10^{-13} T^4$$

7.2.2　ΔV_P 的计算

晶体的状态方程在应用科学及基础科学中具有重要研究意义。在高压条件下，晶体的状态方程可由多种函数形式来表述，本章中采用三阶 Birch-Murnaghan 状态方程[199]来计算压力对体积的影响。状态方程中原始摩尔体积 V_0、体积模量 B_0 及体积模量的一阶导数 B_0' 等都是可测量的物理量。

$$\begin{cases} P = 3B_0 (\dfrac{V_0}{V_0 + \Delta V_P})^{\frac{5}{3}} \zeta(1 + a\zeta) \\[2mm] \zeta = \dfrac{1}{2}[(\dfrac{V_0}{V_0 + \Delta V_P})^{\frac{2}{3}} - 1] \\[2mm] a = \dfrac{3}{2}(B_0' - 4) \end{cases} \qquad (7.14)$$

由公式（7.14）可以得出：

$$P = \frac{3B_0}{2}(\frac{V_0}{V_0 + \Delta V_P})^{\frac{5}{3}}[(\frac{V_0}{V_0 + \Delta V_P})^{\frac{2}{3}} - 1]\{1 + \frac{3}{4}(B_0' - 4)[(\frac{V_0}{V_0 + \Delta V_P})^{\frac{2}{3}} - 1]\} \quad (7.15)$$

反解公式（7.15）即可得到 ΔV_P 与 P 的关系。

然而，目前关于 Li_3BN_2 的体积模量 B_0 以及体积模量对压强的一阶导数 B_0' 尚未有文献报道，本文采用组元的体积模量相加定律对其数值进行计算，即：

$$B_0 = x_1 B_1 + x_2 B_2 \qquad (7.16)$$

公式（7.16）中，B_0、B_1、B_2 分别表示反应体系中 Li_3BN_2、Li_3N 和氮化硼的体积模量；x_1、x_2 分别为组元 Li_3N 和组元氮化硼的原子含量，且 $x_2 = 1 - x_1$。由于 c-BN 在氮化硼所有物相结构中密度最大、结构最紧密，故而在公式（7.16）中选择 c-BN 作为组元，用其体积模量进行计算。

即：

$$B_0(\text{Li}_3\text{BN}_2) = x_{\text{c-BN}} B_{\text{c-BN}} + (1 - x_{\text{c-BN}}) B_{\text{Li}_3\text{N}}$$

采用以上方法可计算出 Li_3BN_2 的体积模量 B_0 为 248.3GPa，B_0' 为 3.945GPa。将以上数据代入公式（7.15）可以得出各物相的 ΔV_P 为：

$$\Delta V_P(\text{h-BN}) = -0.00138 - 0.29378P + 0.02137P^2 - 9.70108 \times 10^{-4}P^3$$

$$\Delta V_P(\text{c-BN}) = -2.49462 \times 10^{-4} - 0.01766P + 8.6661 \times 10^{-5}P^2$$

$$\Delta V_P(\text{Li}_3\text{N}) = -3.87078 \times 10^{-4} - 0.27686P + 0.00667P^2 - 1.3725 \times 10^{-4}P^3$$

$$\Delta V_P(\text{Li}_3\text{BN}_2) = -2.96092 \times 10^{-4} - 0.1368P + 0.0012P^2$$

7.3 立方氮化硼合成反应的热力学分析

结合各物相的热力学参数可以得到锂基催化剂体系中不同物相之间可能发生的反应的自由能变化，从能量角度来分析反应倾向的大小，从而从热力学角度探讨 c-BN 单晶的 B、N 源。

7.3.1 生成 Li_3BN_2 反应的热力学分析

由第 5 章中 XRD 结果可知，在 c-BN 催化剂层中存在 Li_3BN_2，并且通过分析可知：Li_3BN_2 应在高温高压条件下由催化剂原料 Li_3N 和 h-BN 发生反应而得到。由此，本文首先计算了反应 h-BN+$\text{Li}_3\text{N}\longrightarrow \text{Li}_3\text{BN}_2$ 的 Gibbs 自由能变化。由于 Li_3BN_2 应在合成过程中生成，因此选择较宽的温度、压力范围进行 ΔG 的计算。在此，选择 3.0～6.0GPa 为压力计算范围，1000～2200K 为温度计算范围，将此温度和压力范围内的不同压力和温度数值代入公式（7.6）中，可得到反应的自由能值，其结果见表 7.2。

表 7.2 高温高压条件下反应 h-BN+$\text{Li}_3\text{N}\longrightarrow \text{Li}_3\text{BN}_2$ 的 Gibbs 自由能变化 单位：$\text{kJ}\cdot\text{mol}^{-1}$

T/K	P/GPa						
	3.0	3.5	4.0	4.5	5.0	5.5	6.0
1000	6.3664	5.0747	3.8546	2.7026	1.6156	0.5907	-0.3744
1050	5.0735	3.6722	2.3425	1.0809	-0.1157	-1.2502	-2.3249
1100	3.8317	2.3019	0.8438	-0.5463	-1.8714	-3.1343	-4.3374
1150	2.6522	0.9747	-0.6311	-2.1689	-3.6417	-5.0523	-6.4032
1200	1.5480	-0.2969	-2.0701	-3.7752	-5.4153	-6.9933	-8.5115
1250	0.5331	-1.4991	-3.4596	-5.3520	-7.1794	-8.9447	-10.6502

续表

T/K	P/GPa						
	3.0	3.5	4.0	4.5	5.0	5.5	6.0
1300	−0.3770	−2.6167	−4.7847	−6.8847	−8.9197	−10.8925	−12.8056
1350	−1.1656	−3.6334	−6.0295	−8.3575	−10.6206	−12.8215	−14.9626
1400	−1.8153	−4.5318	−7.1767	−9.7535	−12.2653	−14.7150	−17.1049
1450	−2.3074	−5.2936	−8.2082	−11.0546	−13.8361	−16.5555	−19.2150
1500	−2.6225	−5.8995	−9.1047	−12.2418	−15.3141	−18.3241	−21.2744
1550	−2.7405	−6.3292	−9.8463	−13.2953	−16.6793	−20.0012	−23.2633
1600	−2.6403	−6.5620	−10.4121	−14.1941	−17.9111	−21.5660	−25.1611
1650	−2.3002	−6.5762	−10.7805	−14.9166	−18.9879	−22.9970	−26.9463
1700	−1.6980	−6.3494	−10.9290	−15.4406	−19.8872	−24.2716	−28.5963
1750	−0.8106	−5.8585	−10.8346	−15.7426	−20.5858	−25.3667	−30.0879
1800	0.3854	−5.0799	−10.4735	−15.7991	−21.0597	−26.2581	−31.3968
1850	1.9143	−3.9894	−9.8214	−15.5853	−21.2842	−26.9210	−32.4980
1900	3.8007	−2.5620	−8.8531	−15.0760	−21.2341	−27.3299	−33.3660
1950	6.0698	−0.7725	−7.5431	−14.2456	−20.8831	−27.4585	−33.9741
2000	8.7471	1.4051	−5.8652	−13.0674	−20.2047	−27.2798	−34.2951
2050	11.8590	3.9973	−3.7926	−11.5145	−19.1714	−26.7662	−34.3011
2100	15.4319	7.0310	−1.2982	−9.5593	−17.7554	−25.8894	−33.9636
2150	19.4928	10.5335	1.6459	−7.1735	−15.9281	−24.6205	−33.2531
2200	24.0694	14.5329	5.0681	−4.3286	−13.6604	−22.9300	−32.1398

　　为了更加直观地分析 Li_3BN_2 生成反应的自由能变化，将表 7.2 中的数据绘制成三维图，如图 7.2 所示。图中黄线以下区域为反应自由能小于 0 的部分，可以看出体系在升温升压过程中，若合成温度和压力较低，如温度为 1100K、压力为 4.0GPa 时，ΔG=0.8438 kJ·mol^{-1}，或高温高压条件如 2400K、5.0GPa 下，Li_3BN_2 的生成反应 Gibbs 自由能 ΔG=4.5729 kJ·mol^{-1}，反应是不能自发进行的。同样地，在低压高温下，反应也不能进行。图 7.2 直观地说明了，Li_3BN_2 的生成同样存在一个 "V" 形区域，只有达到一定温度和压强条件的情况下该反应才能够进行，在此范围内，才能完成 Li_3BN_2 的催化作用。此外由图 7.2 也可以明显看出当压强恒定，随温度升高，反应的 Gibbs 自由能变化呈越来越负的趋势；而当温度恒定，随压强不断升高，Gibbs 自由能变化越来越负，也就意味着反应发生的可能性越来越大。由以上计算结果可以得知，Li_3BN_2 可在体系升温升压的过程中由 Li_3N 和 h-BN 发生化合反应而来。

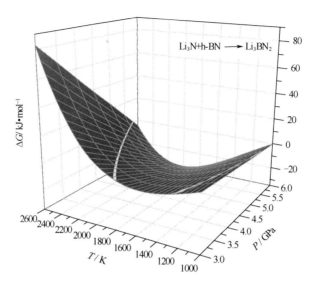

图 7.2　反应 h-BN+Li$_3$N $\longrightarrow$ Li$_3$BN$_2$ 的 Gibbs 自由能变化

7.3.2　Li$_3$BN$_2$$\longrightarrow$c-BN+Li$_3$N 反应的热力学分析

高温高压条件下 h-BN 转化为 c-BN，由于催化剂的参与，合成温度和压力大大地降低。由溶剂析出理论可知[52, 57]，c-BN 的形成与 Li$_3$BN$_2$ 高温高压条件下的分解有关，下面通过热力学计算来验证这一过程的可行性。

根据溶剂学说假设 c-BN 是由催化剂中间相分解产生的，则对应的反应 Li$_3$BN$_2$$\longrightarrow$c-BN+Li$_3$N 自由能变化计算结果见表 7.3。通过利用本章中的计算方法可得出 1600～2300K 以及 4.4～5.8GPa 条件下 Li$_3$BN$_2$ 转变成 c-BN 的 Gibbs 自由能变化值，从而探讨反应发生的可能性大小。结合文献[78]可知 Li$_3$BN$_2$ 在不同的温度和压强条件下相结构不同，分为高压相和低压相。在此部分计算中，我们选用 Li$_3$BN$_2$ 的高压相进行计算。

由表 7.3 可知，在较低的合成压力和温度条件下，如 $P<5.0$GPa、$T<1700$K 时，催化剂中间相 Li$_3$BN$_2$ 分解出 c-BN 反应的 Gibbs 自由能 $\Delta G<0$，说明在此条件下该分解反应有可能发生。将表 7.3 中数据绘制成三维图可以更加直观地说明 ΔG 的变化情况，如图 7.3 所示。当合成压力数值不变，随合成温度的升高，分解反应的 Gibbs 自由能变化值逐渐由负变正；同样地，当合成温度数值不变，随合成压力的增大，分解反应的 Gibbs 自由能变化值逐渐由负变正。随温度和压力同时增大，反应的 Gibbs 自由能变化呈现越来越正的趋势，反应发生的可能性逐渐变小，甚至反应不能自发进行，例如合成条件变为 5.4GPa、1750K 时，该条件下反应的 $\Delta G=2.6026$ kJ·mol^{-1}，意味着此条

件下 Li_3BN_2 不能通过分解得到 c-BN。

图 7.3 中箭头所指方向对应的水平圆弧线即为 $Li_3BN_2 \longrightarrow$ c-BN+Li_3N 反应自由能变化 $\Delta G=0$ 时的分界平衡线，由此可以看出这条分界线形成了一个近似的温度压力"V"形范围区，在该区域以上部分 $\Delta G>0$，反应不能够进行。在概述部分我们已经提到，高温高压条件下优质 c-BN 的生长区域也呈现一个"V"形区，只有在此区域内才能合成出优质的 c-BN 单晶。在此，将图 7.3 中 $\Delta G=0$ 所对应的平衡线与相关文献所得到的 c-BN 工业合成的温度压力范围进行比较，如图 7.4 所示。

表 7.3　高温高压条件下 $Li_3BN_2 \longrightarrow$ c-BN+Li_3N 反应的 Gibbs 自由能变化　单位：kJ·mol^{-1}

T/K	P/GPa							
	4.4	4.6	4.8	5.0	5.2	5.4	5.6	5.8
1600	−5.0199	−4.1779	−3.3405	−2.5076	−1.6792	−0.8553	−0.0358	0.7795
1625	−4.6763	−3.7651	−2.8584	−1.9564	−1.0588	−0.1657	0.7231	1.6075
1650	−4.3854	−3.4028	−2.4247	−1.4512	−0.4822	0.4824	1.4426	2.3984
1675	−4.1502	−3.0938	−2.0421	−0.9948	0.0479	1.0861	2.1200	3.1496
1700	−3.9734	−2.8411	−1.7134	−0.5902	0.5285	1.6427	2.7525	3.8580
1725	−3.8581	−2.6475	−1.4416	−0.2402	0.9567	2.1492	3.3372	4.5210
1750	−3.8071	−2.5160	−1.2296	0.0523	1.3297	2.6026	3.8712	5.1354
1775	−3.8234	−2.4496	−1.0804	0.2843	1.6444	3.0001	4.3514	5.6984
1800	−3.9101	−2.4512	−0.9970	0.4527	1.8979	3.3386	4.7750	6.2070
1825	−4.0702	−2.5241	−0.9825	0.5545	2.0870	3.6150	5.1387	6.6580
1850	−4.3070	−2.6712	−1.0401	0.5865	2.2086	3.8263	5.4395	7.0484
1875	−4.6234	−2.8958	−1.1727	0.5457	2.2597	3.9692	5.6743	7.3751
1900	−5.0227	−3.2009	−1.3837	0.4289	2.2370	4.0406	5.8399	7.6348
1925	−5.5081	−3.5899	−1.6763	0.2327	2.1373	4.0373	5.9330	7.8244
1950	−6.0828	−4.0659	−2.0537	−0.0459	1.9573	3.9561	5.9505	7.9405
1975	−6.7502	−4.6324	−2.5191	−0.4104	1.6938	3.7936	5.8889	7.9800
2000	−7.5136	−5.2925	−3.0760	−0.8640	1.3434	3.5464	5.7451	7.9393
2025	−8.3762	−6.0496	−3.7276	−1.4101	0.9028	3.2114	5.5155	7.8153
2050	−9.3415	−6.9071	−4.4774	−2.0521	0.3686	2.7849	5.1968	7.6043
2075	−10.4130	−7.8685	−5.3287	−2.7935	−0.2627	2.2636	4.7855	7.3031
2100	−11.5939	−8.9372	−6.2851	−3.6376	−0.9945	1.6440	4.2783	6.9081
2125	−12.8879	−10.1166	−7.3500	−4.5880	−1.8304	0.9227	3.6714	6.4158
2150	−14.2983	−11.4104	−8.5270	−5.6482	−2.7739	0.0960	2.9615	5.8226

续表

T/K	P/GPa							
	4.4	4.6	4.8	5.0	5.2	5.4	5.6	5.8
2175	−15.8288	−12.8219	−9.8195	−6.8217	−3.8284	−0.8396	2.1449	5.1250
2200	−17.4830	−14.3548	−11.2312	−8.1122	−4.9977	−1.8877	1.2180	4.3193
2225	−19.2642	−16.0127	−12.7657	−9.5233	−6.2854	−3.0519	0.1772	3.4019
2250	−21.1763	−17.7992	−14.4266	−11.0586	−7.6951	−4.3360	−0.9813	2.3691
2275	−23.2229	−19.7179	−16.2175	−12.7217	−9.2304	−5.7436	−2.2611	1.2171
2300	−25.4075	−21.7726	−18.1423	−14.5165	−10.8952	−7.2784	−3.6659	−0.0578

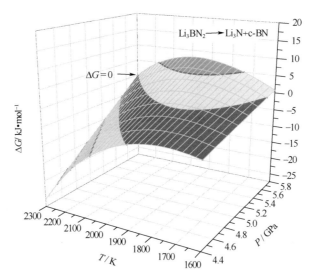

图 7.3   反应 $Li_3BN_2 \longrightarrow c\text{-}BN + Li_3N$ 的 Gibbs 自由能变化

图 7.4 中 A 线表示的是通过计算所得到的 $\Delta G = 0$ 所对应的 "V" 形区，在此线上方，$Li_3BN_2 \longrightarrow c\text{-}BN + Li_3N$ 反应的 $\Delta G > 0$，B 线表示的是工业合成 c-BN 单晶生长区的温度压力线，在线上方为优质单晶的生长区域。由图 7.4 可以看出，线 A 形成的 "V" 形区几乎可以全部覆盖优质 c-BN 单晶生长的区域，这意味着在可以得到优质 c-BN 大单晶的温度压力范围内，$Li_3BN_2 \longrightarrow c\text{-}BN + Li_3N$ 反应不可能发生。由此可以推断，在优质单晶生长的 "V" 形区内，c-BN 不是由 Li_3BN_2 分解产生，而是由 h-BN 直接相变的可能性更大。热力学计算的结果与第 5 章表征实验结果相吻合。若 Li_3BN_2 分解后得到 c-BN 单晶，则在 c-BN 单晶周围应存在大量的 Li_3N，而在 XRD 和 TEM 实验中反复标定均未发现 Li_3N 的存在。热力学计算结果为 c-BN 是由

h-BN 在催化剂催化作用下发生固相直接转变而来这一结论提供了重要的参考依据。

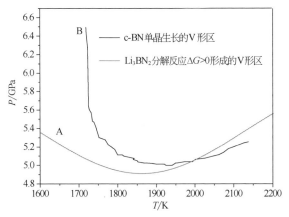

图 7.4 Li$_3$BN$_2$ 分解反应 $\Delta G > 0$ 形成的 V 形区（线 A）与合成优质 c-BN 单晶生长的 V 形区[42]（线 B）

7.3.3 h-BN—→c-BN 反应的热力学分析

固相转变学说认为 c-BN 应由 h-BN 直接发生结构转变而来，根据此学说计算 h-BN—→c-BN 反应的 Gibbs 自由能变化，结果见表 7.4。根据合成实验的结果，计算过程中确定压力计算范围为 4.6～5.8GPa，温度范围为 1600～2200K，计算过程中考虑压力、温度变化对物相体积的影响。

将表 7.4 中的数据绘制成三维图以反映 ΔG 的变化情况，如图 7.5 所示。由图中结果可以看出，在计算范围内 h-BN 向 c-BN 直接转变反应的 Gibbs 自由能均为负值：-25kJ·mol^{-1}< ΔG<-19kJ·mol^{-1}。随着压力和温度的不断增加，Gibbs 自由能的数值越来越负，从热力学角度来说这意味着反应的倾向性越大，反应更容易发生。当压力数值恒定时，温度的升高会使得 ΔG 数值变负；同样地，温度数值恒定时，压力的增加会使得 ΔG 数值变负，并且压力对反应 Gibbs 自由能的影响程度要明显高于温度的影响。这与工业合成 c-BN 的实验结果相一致，即在合成过程中升高压力有利于 c-BN 的合成。

表 7.4 高温高压条件下 h-BN—→c-BN 反应的 Gibbs 自由能变化　　单位 kJ·mol^{-1}

T/K	P/GPa						
	4.6	4.8	5.0	5.2	5.4	5.6	5.8
1600	−19.1205	−19.7724	−20.4187	−21.0596	−21.6952	−22.3255	−22.9507

续表

T/K	P/GPa						
	4.6	4.8	5.0	5.2	5.4	5.6	5.8
1650	−19.1388	−19.7917	−20.4391	−21.0810	−21.7176	−22.3490	−22.9752
1700	−19.1761	−19.8295	−20.4774	−21.1198	−21.7569	−22.3887	−23.0154
1750	−19.2324	−19.8857	−20.5334	−21.1758	−21.8127	−22.4445	−23.0710
1800	−19.3075	−19.9600	−20.6070	−21.2485	−21.8847	−22.5156	−23.1414
1850	−19.4013	−20.0523	−20.6977	−21.3377	−21.9723	−22.6016	−23.2258
1900	−19.5136	−20.1622	−20.8052	−21.4427	−22.0750	−22.7019	−23.3238
1950	−19.6441	−20.2893	−20.9290	−21.5633	−22.1922	−22.8158	−23.4343
2000	−19.7924	−20.4333	−21.0687	−21.6986	−22.3232	−22.9425	−23.5567
2050	−19.9581	−20.5936	−21.2235	−21.8480	−22.4672	−23.0811	−23.6898
2100	−20.1408	−20.7697	−21.3930	−22.0109	−22.6234	−23.2307	−23.8328
2150	−20.3399	−20.9609	−21.5763	−22.1863	−22.7909	−23.3903	−23.9845
2200	−20.5549	−21.1665	−21.7726	−22.3733	−22.9686	−23.5587	−24.1436

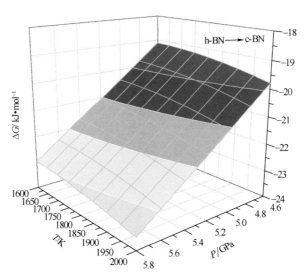

图 7.5   反应 h-BN ──→ c-BN 的 Gibbs 自由能变化

7.4   立方氮化硼合成的热力学讨论

合成 c-BN 的温度和压力条件会因催化剂金属的种类不同而有差异，每种催化剂都会对应一个合成的"V"形区。在该区域内的高温界限与相平衡线相重合，从而满足 h-BN 向 c-BN 转变的热力学条件，而低温界限则应为催化剂金属与 h-BN 形成共晶熔体时的共晶温度[78,200]。大多数催化剂与 h-BN 的共晶温度要比催化剂本身的熔点低很多，因此，在整个 c-BN 的合成过程中，催化剂和 h-BN 共晶熔体的形成在合成体系内是必不可少的。在常温常压下，h-BN 不可能直接转变为 c-BN，因为这一转变包含着 B、N 原子的电子结构转变，B、N 原子及其基团只有处在 sp^3 杂化态或者是易于转变为 sp^3 杂化态的电子结构才能生成 c-BN，而这种杂化状态的形成需要通过适当的激活机制来获得。因此，只有在高温高压条件下，通过催化剂的催化作用以及温度和压力的复合激发效应才能够完成这一转变。

由表征实验结果已经得知，sp^2 杂化态向 sp^3 杂化态转变过程是逐步进行的，其含量变化呈连续状态。在考虑了温度、压力对物相体积影响的情况下，通过计算反应 Gibbs 自由能变化可知，在温度 1600～2200K 和压力 4.6～5.8GPa 的范围内，h-BN⟶c-BNGibbs 自由能的变化都为负值，而温度 1600～2200K 和压力 4.6～4.8GPa 范围内，Li_3BN_2⟶c-BN+Li_3NGibbs 的自由能变化才为负值，并且随着温度和压力的升高，前者的 Gibbs 自由能急剧减小，远负于后者，即 h-BN 向 c-BN 直接转变反应的驱动力要明显高于 Li_3BN_2 的分解反应。因此，从热力学角度来说，在采用锂基催化剂法合成 c-BN 的温度和压力范围内，h-BN⟶c-BN 要比 Li_3BN_2⟶c-BN+Li_3N 更容易发生，并且通过计算 h-BN+Li_3N⟶Li_3BN_2 的 Gibbs 自由能变化可知，在 c-BN 形成之前就应由一定量的 Li_3BN_2 形成。

第 8 章

催化剂催化作用下立方氮化硼界面及生长动力学分析

为了合成出粒度更大、能满足日益增长的工业实际生产需求的 c-BN 颗粒，在研究催化机理的同时，越来越多的研究者开始关注在催化剂存在时高温高压下 c-BN 单晶的生长机制。目前，对 c-BN 单晶的形核及生长虽已进行了广泛的研究，但有关单晶合成与长大的机制问题仍存在较多争论[65,66,112,113,119,201]。由晶体生长理论可知，正在生长的和已经长大的 c-BN 的表面以及内部具有不同的形态和结构，而这些又取决于合成过程中的生长条件。晶体生长动力学规律决定于生长机制，而生长机制又取决于生长过程中界面的微观结构[202]。因而，生长动力学规律是与界面结构密切相关的，研究高温高压下 c-BN 的生长机制，通常是在对晶体表面的微观形貌进行研究的同时，探讨生长条件对晶体形核及生长的动力学过程的影响。基于"快冷的催化剂层能保留高温高压合成条件下的相关信息"这一前提，研究 c-BN 晶面的微观形貌，将为 c-BN 催化机理研究提供重要线索。

本章主要利用原子力显微镜（AFM）研究了 c-BN 单晶界面的形貌特征，从而获得 c-BN 在高温高压条件下生长的实验依据。在此基础上，从 c-BN 形核和生长的动力学角度出发，分析了临界晶核半径、临界形核功以及晶体生长速度与合成温度、压力之间的关系，为工业合成 c-BN 单晶提供了可靠的理论参考。

8.1　立方氮化硼晶体界面的 AFM 分析

图 8.1 是 c-BN 单晶（100）晶面的 AFM 像，其中图 8.1（a）显示的试样扫描面积为 30μm×30μm，图 8.1（b）为放大图，其扫描范围为 3μm×3μm。从图中可以看出，在 c-BN（100）晶面上存在着许多尺寸约几百纳米的细小颗粒。由于在进行 AFM 实验前，c-BN 的表面已进行了反复的清洗及处理，因此可以认为在 c-BN 表面的颗粒应为 c-BN 亚颗粒基团。同样地，在 c-BN（111）晶面上也发现了这些亚颗粒的存在，如图 8.2 所示。

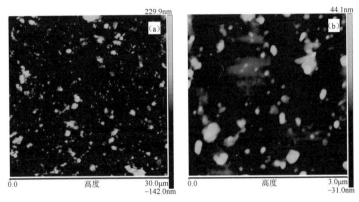

图 8.1　（a）c-BN（100）晶面亚颗粒的 AFM 像；（b）图 8.1（a）的放大图像

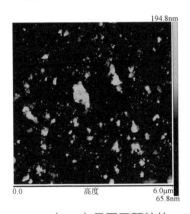

图 8.2　c-BN（111）晶面亚颗粒的 AFM 像

大量的表征实验结果表明，在高温高压下，h-BN 不断地溶于熔融的催化剂层中，在此熔体中 h-BN 结构被破坏，并在催化剂的催化作用下发生由六方相向立方相的转变。如果 c-BN 晶核已形成，B 和 N 原子基团将通过扩散的方式到达生长着的 c-BN 表面。图 8.3 为 c-BN（111）晶面的三维 AFM 图，可以从图中直观地看到在该晶面上存在着大量锥形突起。结合 XPS 和 EELS 实验结果可知催化剂层中存在 c-BN 结构，因此图 8.3 中的锥形突起应为 B、N 原子从催化剂熔体中扩散到 c-BN 表面后留下的痕迹，其锥形应为合成过程中熔体快速冷却造成的。据此判断，（111）晶面上的锥形突起应为立方相的 B、N 基团，它们从单晶界面析出，然后堆积在 c-BN 晶面，从而在单晶表面留下了锥形生长的痕迹。这些基团将在生长着的 c-BN 表面重新组合、择优取向，通过 B、N 原子的重新排列与组合实现 c-BN 的生长。因此，当形成 c-BN 临界晶核后，c-BN 的生长可以看作是 c-BN 的同质外延生长过程。在 c-BN（100）晶面上同样也发现了这些锥形突起（如图 8.4 所示），从标尺数值来看，这些突起分布较疏松，但突起的高度明显大于（111）晶面。这应与不同晶面的生长速度有关，通常认为，生长速度快的晶面较粗糙，而生长速度慢的晶面相对较为平坦。在 c-BN 单晶生长过程中，（100）晶面的生长速度通常为（111）晶面的几倍，因此造成（100）晶面相对于（111）晶面较为粗糙，其锥形突起更加明显。

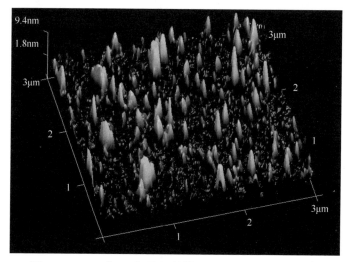

图 8.3　c-BN（111）晶面的锥形突起的三维 AFM 图

图 8.5 为 c-BN（111）晶面的三维 AFM 图，可以看到许多近似平行的台阶，这些台阶高度仅为几个纳米，在（111）晶面多处位置均发现了该类型台阶的存在。在 c-BN 单晶生长过程中，由于各界面的界面能存在差异，可以从界面能的角度对晶面进行较为严格的分类。界面能级图中，尖点代表能量面上的最小值，这一点称为奇异点，而相应于奇异点的晶面即

为奇异面，即界面能较低的晶面。在 c-BN 单晶中，奇异面为（111）面，其次是（100）面。在晶体生长中，奇异面（光滑界面）不能借助于热激活自发产生台阶，而只能够通过二维形核不断产生台阶以维持晶体的生长。图 8.5 中两条明显的台阶之间约有 200nm，其只能起止于晶面边缘。在 c-BN 单晶中可以观察到的最明显的就是（111）面，这与台阶生长有密切关系。取向在奇异面邻近的界面为邻位面，这些晶面上的台阶在较低的驱动力（例如温度、压力变化）下就能运动，运动的结果是台阶消失于晶体边缘，邻位面消失，从而只剩下奇异面。和三维形核一样，二维形核需要克服由于台阶棱边能而形成的热力学位垒，其生长速度可以通过计算的方式得出。在 c-BN 生长过程中，如果这些平行台阶在行进过程中遇到干扰，则会产生局部的台阶聚集。在相应的台阶聚集区以外，各点生长痕迹应为相互平行的直线。

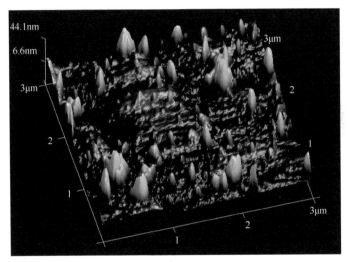

图 8.4　c-BN（100）晶面的锥形突起的三维 AFM 图

　　图 8.6 给出了 20μm×20μm 区间内的 AFM 图。从图可知，在 c-BN（111）晶面存在尺寸分布均匀的连续台阶或片层结构。不同生长层可以由其颜色或者衬度的不同而加以区别。图 8.6 进一步说明了高温高压下 c-BN 单晶生长应是层状或台阶长大机制。c-BN 单晶中片层或者台阶的起源是二维晶核或螺型位错。如果 h-BN 在熔融的催化剂中过饱和度足够高，并且晶面足够大，新的生长层晶核就可以在已有的片层覆盖整个晶面之前形成。所形成的片层厚度、数量与 h-BN 在催化剂中的过饱和程度有关。

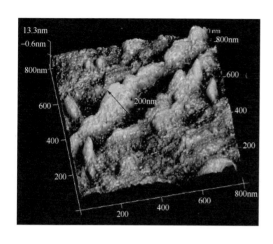

图 8.5　c-BN（111）晶面条状
突起的三维 AFM 图

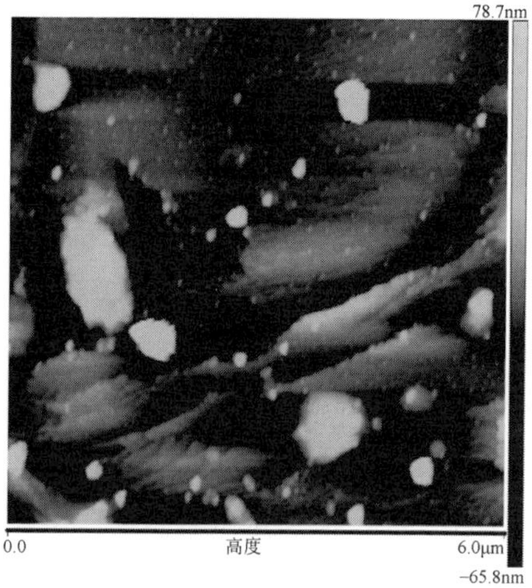

图 8.6　c-BN（111）晶面
台阶的 AFM 图

根据晶体生长理论，台阶高度有一个较宽的范围，这是由于在晶体生长过程中，具有较快生长速度的较薄的台阶或者片层能够赶上原有的片层并与其合并，因此通常我们能够观察到的台阶高度要远超过晶体晶格常数的数量级。AFM 结果显示在 c-BN 单晶表面存在连续的台阶组织以及锥形突起的 c-BN 亚颗粒，这将为 c-BN 的生长过程提供较为直接的信息与证据，为 c-BN 生长动力学模型的建立提供合理的实验参考。

8.2　立方氮化硼生长动力学研究

晶体生长动力学主要阐明了在不同的生长条件（如温度、压力）下的晶体生长机制，以及晶体生长速度与生长驱动力之间的规律。AFM 实验结果对 c-BN 的形核及二维生长给出了合理的解释，其生长界面结构决定了生长机制。

8.2.1　临界晶核半径的计算

由 Gibbs-Thomson 关系可知[115]，在一定的过饱和度或过冷度下，只有晶体的半径大于某临界半径时晶体才能存在，才能自发地长大。具有临界半径的晶体称为晶核，均匀形核和非均匀形核是晶体形核通常采用的两种机制。其中，均匀形核对外界条件的要求较高，只有少数物质的形核才能满足，而非均匀形核是形核基体依附于器壁或者杂质上，这种形核机制大幅度地降低了晶核形成的温度和压力[109]。本节将采用非均匀形核的理论模型对 c-BN 的临界晶核半径进行理论计算。

由第 2 章（2.5 催化剂催化作用下立方氮化硼形核及生长理论分析）可知，晶胚形成时所引起的体系总自由能变化为：

$$\Delta G(r) = (\frac{4}{3}\pi r^3 \frac{\Delta G_V}{V_m} + \frac{20}{3}\pi r^2 \sigma)(\frac{2-3\cos\theta+\cos^3\theta}{4})$$
$$= (\frac{4}{3}\pi r^3 \frac{\Delta G_V}{V_m} + \frac{20}{3}\pi r^2 \sigma)f(\theta) \tag{8.1}$$

式（8.1）中，ΔG_V 为摩尔体积自由能变化；V_m 为 c-BN 的摩尔体积；σ 表示表面张力系数；θ 为晶核与型壁的接触角；r 为晶核半径，当 $r<r^*$（临界晶核半径）时，晶体长大则 $\Delta G(r)$ 增加，晶体缩小则 $\Delta G(r)$ 随之减小，故在溶液中半径小于 r^* 的晶体不能存在，如果存在也会自动消失。只有当 $r>r^*$ 时，随着晶体长大 $\Delta G(r)$ 减小，此时晶体才能够自发长大。

当 ΔG 达到最大值时，即 $\partial \Delta G(r)/\partial r = 0$，可得到 c-BN 的临界晶核半径 r^* 为：

$$r^* = -\frac{10\sigma V_m}{3\Delta G_V} \tag{8.2}$$

摩尔体积自由能随压力的变化可表示为：

$$(\frac{\partial \Delta G_V}{\partial P})_r = \Delta V \tag{8.3}$$

当合成温度恒定，压力由标准大气压 P_0 升至某一特定压力 P 时，ΔG_V 可以表示为：

$$\Delta G_V(P) - \Delta G_V(P_0) = \Delta V(P-P_0) \tag{8.4}$$

公式（8.4）中，ΔV 表示 h-BN 转变为 c-BN 时的摩尔体积差。Solozhkenko[201]探讨了 h-BN 向 c-BN 转变的体积变化，但忽略了压强和温度对体积的影响。考虑到 c-BN 是在高温高压下形核，因此我们采用第 7 章热力学计算过程中体积随温度变化的情况来计算 ΔV。根据 Fukunaga[37]绘制的 h-BN-c-BN 相平衡线可知：

$$P = \frac{T}{465} + 0.203 \tag{8.5}$$

式中，P 为平衡线上的压力，GPa；T 为相应平衡温度，K。

当临界形核时，$\Delta G(r)=0$，即：

$$\Delta G(r) = (\frac{4}{3}\pi r^3 \frac{\Delta G_V}{V_m} + \frac{20}{3}\pi r^2 \sigma)(\frac{2-3\cos\theta+\cos^3\theta}{4}) = 0 \qquad (8.6)$$

此时接触角 θ 为常数，则公式（8.6）变为：

$$4\pi r^{*2}\frac{\Delta G_V}{V_m} + \frac{40}{3}\pi r\sigma = 0 \qquad (8.7)$$

将式（8.4）和式（8.5）代入式（8.7）中可得临界晶核半径为：

$$r^* = -\frac{10\sigma V_m}{3\Delta G_V} = -\frac{10\sigma V_m}{3\Delta V[P-T/465-0.23]} \qquad (8.8)$$

利用式（8.8）即可求出临界晶核半径随合成温度及压力的变化情况，如图 8.7 所示。

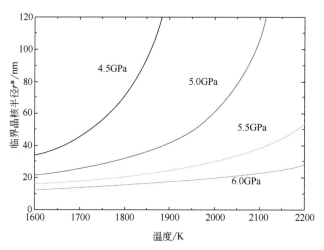

图 8.7　临界晶核半径随温度和压力的变化趋势

由图 8.7 可知，在高温高压条件下，c-BN 合成时的临界晶核半径随温度和压力的变化呈现不同的趋势。当合成温度恒定时，随着合成压力的增加，临界晶核半径逐渐减小。当合成温度较低时，压力对临界晶核半径的影响程度较小，而在高合成温度条件下，压力的微小变动将会引起临界晶核半径的大范围变化。因此，在高温合成时，压力是晶核形成的重要影响因素。同样地，当合成压力恒定时，随着合成温度的增加，临界晶核半径均呈现增加的趋势。在较高合成压力条件下（如 6.0GPa），临界晶核半径增加的趋势比较平缓，而在较低合成压力条件下（如 4.5GPa），临界晶核半径随温度的变化呈现急剧增长的趋势。由此可知，在 c-BN 合成过程中，高温低压条件下 c-BN 单晶生长需要较大的临界晶核半径，在此条件下所生长的 c-BN 单晶通常具有较粗的颗粒，此时的临界晶核半径对温度的依赖关系更加敏感。同时需要注意的是，此时临界晶核半径比较大，成核因此会变得相对困难，转化率将会有所降低。因此，在实际工业合成中，需要综合考虑温度、压力对合成单晶质量及转化率的影响。一般来说，为了获得质量较好、粒度适中、转化率较高的单晶，应该选择中等条件的温度和压力，而为了获得转化率高的细小晶粒，则应该考虑在高压低温条件下进行 c-BN 的合成。

8.2.2　临界形核功的计算

形成临界晶核时体系所对应的自由能变化称为临界晶核的形核功，一般用 ΔG^* 表示。将临界晶核半径的表达式带入 ΔG 的表达式就可以得到临界形核功的表达式，如下：

$$
\begin{aligned}
\Delta G^* &= (\frac{4}{3}\pi r^{*3}\frac{\Delta G_V}{V_m} + \frac{20}{3}\pi r^{*2}\sigma)(\frac{2-3\cos\theta+\cos^3\theta}{4}) \\
&= (\frac{4}{3}\pi r^{*3}\frac{\Delta G_V}{V_m} + \frac{20}{3}\pi r^{*2}\sigma)f(\theta)
\end{aligned}
\tag{8.9}
$$

在式（8.9）中，非均匀形核一般取接触角 $\theta=30^\circ$，此时式（8.9）中 $f(\theta)=0.2186$。选择合成温度为 1600～2200K、合成压力为 4.5～6.0GPa，则临界形核功与温度、压力的关系曲线如图 8.8 所示。

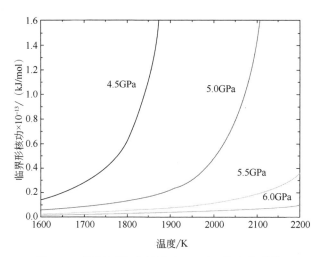

图 8.8　临界形核功随温度和压强的变化趋势

通常情况下，临界形核功主要依靠液体本身存在"能量起伏"来供给[109]。由图 8.8 可以得知，临界形核功随温度和压强的变化趋势与临界晶核半径的变化趋势相似。这一计算结果与形核理论相对应，即临界晶核半径越大，形核越难，其对应的临界形核功数值也越高。当压力恒定时，随着合成温度的增加，临界形核功呈增长趋势，且在低压条件下临界形核功增长速度要明显高于高压条件下的增长速度。同样地，温度恒定时，合成压力增大，临界形核功呈降低趋势，且在低温条件下降低趋势较缓。由此得出，低压条件下，温度的改变对 c-BN 的合成具有较大的影响，此时合成温度为主要控制因素。反之，在高压条件下合成 c-BN 时温度的影响并不是很大。

8.2.3　立方氮化硼晶体生长速度的计算

由 AFM 实验结果可知，在 c-BN 单晶表面存在着生长台阶，其生长模式应以二维形核进行。由晶体生长理论可知，晶体的生长线速度为：

$$v = C_{\mathrm{G}} \exp(-\frac{E_{\mathrm{D}}}{kT})(\frac{\Delta\mu}{kT})^{5/6} \exp(-\frac{\pi\gamma^2}{k\Delta\mu T}) \tag{8.10}$$

式中，C_{G} 为与温度无关的常数，其数据可通过文献查得；k 为常数；E_{D} 为扩散激活能；$\Delta\mu$ 为 h-BN 和 c-BN 的自由焓差；T 为热力学温度，K；γ 为 c-BN 与熔体的界面能。

由 Lorenz[60] 的研究可知，当压力为 P、温度为 T 时，晶体的扩散激活能可以表示为：

$$E_{\mathrm{D}(P)} = E_{\mathrm{D}(P_0)} + V_{\mathrm{A}}(P - P_0) \tag{8.11}$$

其中，自由焓变可表示为：

$$\Delta\mu = (P - P_0)\Delta V_0 + (1 - \frac{T}{T_0})\Delta h_0 \tag{8.12}$$

当 $P = P_0$ 时，

$$\Delta\mu = (1 - \frac{T}{T_0})\Delta h_0, \quad \Delta h_0 = 0.7kT_0 \tag{8.13}$$

其中，Δh_0 和 ΔV_0 分别代表 (P_0, T_0) 时 h-BN 和 c-BN 的相转化热和体积变化，在 (P_0, T_0) 时两者为常数。由式（8.5）可以得出 P-T 的平衡线数据，将这些数据代入式（8.12）即可得到自由焓变，再将 $\Delta\mu$ 代入式（8.10）即可求得不同温度、压力条件下 c-BN 的生长速度。

结合实际工业合成 c-BN 的工艺条件，计算中压力范围设定为 4.5～6.0GPa，温度范围设定为 1600～2200K。c-BN 生长速度随温度和压强的变化如图 8.9 所示。

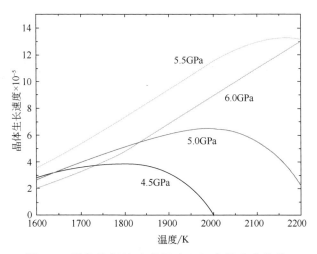

图 8.9　晶体生长速度随温度和压力的变化趋势

由图 8.9 可知，在低温条件下，单晶生长的速度随温度和压力的升高均有增加的趋势，但是增加趋势较缓。从图中可以明显看出，当合成压力为 5.5GPa 时，c-BN 单晶的生长线速度均高于其他压强条件下的线速度。在合成压力为 4.5GPa 和 5.0GPa 时，单晶的生长速度随温度的变化均呈现抛物线趋势，即随合成温度的升高呈现先增加后减小的趋势，而在压力为 6.0GPa 时，这一趋势不明显。低温条件下，压力的变化对 c-BN 的生长速度影响不大，而随着温度的升高，压力对 c-BN 单晶生长速度的影响较为显著，表现为压力越大（如 5.5GPa），单晶生长速度越快。由于单晶生长仅限于"V"形区内，在此温度压力范围内，各物相均为近程有序的结构，具有一定的流动性，因此在高温高压熔体内 c-BN 一旦形核，随着体系内能量及结构的起伏，将不断地扩散到较大的已长成的晶核上，从而降低整个体系的自由能。晶核总的扩散速度是受温度和压力控制的，压力越高，扩散激活能越高，扩散速度越小。然而，温度越高，晶核的扩散系数越大。考虑到温度与压力的综合作用，可以认为在 5.5GPa 条件下，c-BN 的形核半径较小，形核功较小，因此比较容易形核。此时，c-BN 晶核数量较多，单晶生长的扩散源浓度较大，在高温高压熔体内的流动性较大，扩散较易进行，从而使得此条件下 c-BN 具有较高的生长速度。

第 9 章

催化剂层主要物相表面能及相关相图的计算

通过形貌分析和结构表征，对 h-BN 在催化剂作用下转变为 c-BN 的合成机理有了初步的判断，获得了 c-BN/催化剂界面层原子外层电子的变化规律以及 B、N 原子外层电子的络合情况，寻找到了一些催化剂原子催化的直接实验证据。为进一步对合成机理进行明确，还需结合相关的理论计算，进一步揭示 c-BN、h-BN、催化剂结构之间的相互作用。

本章应用的是第一性原理计算方法，首先得到高温高压时 h-BN、c-BN 与催化剂结构的晶格常数，然后利用获得的晶格常数计算了相关物相在高温高压下的表面能，分别比较各相、各晶面间的能量值，最后通过热力学计算进一步佐证结论的正确性。通过以上理论计算内容，深入分析高温高压下 c-BN 单晶的生长方式和相变过程，为完善 c-BN 单晶合成机理的研究提供了重要的理论数据。

9.1 晶格常数的计算

合成 c-BN 单晶的环境条件为高温高压状态，对于物相而言晶格常数随着压强和温度的改变而发生变化，所以在计算表面能之前首先需要得到高温高压状态时晶体的晶格常数。

在材料性能和材料结构研究等诸多方面，第一性原理的应用都非常广泛。通过分子动力学方法可以得到高温高压环境中 c-BN 等物相的晶格常数。图 9.1 显示的是 c-BN、h-BN 以及 Li_3BN_2 的晶体结构，这三种晶体在常温常压下的晶格常数分别为：c-BN 晶体的 a=0.3615nm，h-BN 晶体的 a=0.2505nm、c=0.6661nm，Li_3BN_2 晶体的 a=0.4643nm、c=0.5259nm。

本章通过 VASP 模拟软件包来对高温高压条件下的 h-BN 等的晶格常数进行计算。通过截断能值以及 K 点的收敛测试可以确定三个物相的截断能大小是 750eV，并且对于 k-mesh 而言，h-BN 的大小是 9×9×3、c-BN 的大小是 9×9×9，Li_3BN_2 的大小是 8×8×8。此次使用的赝势方法是 PAW-PBE。

c-BN、h-BN 以及 Li_3BN_2 在一定温度和压强下的能量-体积数据可以通过分子动力学计算得出。三种物相的晶格常数可以用状态方程（EOS）拟合得出。为验证计算结果的可靠性，计算完毕将晶格常数的计算值与文献中查到的理论值进行了对比，具体见表 9.1。从对比结果可以看出，在此次计算中，三个物相其晶格常数与资料列出的数据存在极小误差，计算误差大部分都在 1%以内。在这之中，最大误差为 1.07%，是在 295K、5.0GPa 下计算得到的 h-BN 结构中 c 的数值。可以看出，理论计算与资料数值较好地吻合，表明计算结果具有较高准确度，因此，计算得出的三种物相的晶格常数可以作为表面能计算的依据。

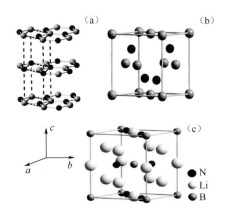

图 9.1　催化剂层中物相 h-BN、c-BN 以及 Li_3BN_2 的晶体结构图

（a）堆叠顺序是 ABAB 之下的 h-BN 晶体结构（空间群是 P63/mmc）；（b）闪锌矿结构之下的 c-BN 晶体结构（空间群是 F-43m）；（c）正交结构之下的 Li_3BN_2 晶体结构（空间群是 P42/mnm）

图 9.2 是在常温常压下通过 EOS 拟合得到的 h-BN、c-BN 和 Li_3BN_2 中的原子的体积与能量的关系图。从图中可以看出，与 h-BN 相比，c-BN 具有的能量更低。根据能量最低原则，c-BN 的稳定性要高于 h-BN，该结果也与其它资料中的数据相一致[206]。对比结果表明，在 6.8Å^3 处，c-BN 和 h-BN

的能量相等，因此能够将 h-BN 的体积压缩至 6.8Å³，但由于能量最小化，导致 h-BN 转变成 c-BN，使原子的体积缩小。相比于 c-BN 和 h-BN，Li_3BN_2 的能量存在明显差异。

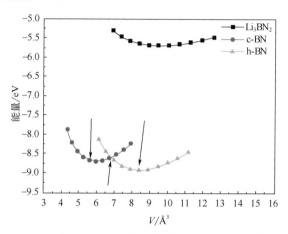

图 9.2　h-BN、c-BN 和 Li_3BN_2 晶体结构能量和各个原子体积之间的关系

表 9.1　各温度与压强条件下 h-BN、c-BN 和 Li_3BN_2 的晶格常数计算值与理论值的对比

晶格常数	计算值		理论值		误差/%	
					a	$c/a,c$
c-BN (a/nm)	0.36150[①]		0.36200		0.13	
	0.36030[②]		0.36140		0.30	
	0.36250[③]		0.36350		0.27	
	0.36070[④]		0.36140		0.19	
	0.36180[⑤]		0.36270		0.25	
h-BN (a/nm,c/a)	0.25050[⑥]	2.66100[⑥]	0.25050	2.66000	0.00	0.04
	0.25020[⑦]	2.61500[⑦]	0.25040	2.62200	0.07	0.27
	0.24920[⑧]	2.54200[⑧]	0.25000	2.55000	0.32	0.31
	0.24900[⑨]	2.45600[⑨]	0.24980	2.47800	0.32	0.89
	0.24920[⑩]	2.42700[⑩]	0.24960	2.45300	0.16	1.07
Li_3BN_2 (a,c/nm)	0.46430[⑪]	0.52590[⑪]	0.46450	0.52610	0.04	0.04

① a_0=0.36150 nm，at 0.0 GPa and 295 K[203]。

② at 4.5 GPa and 295 K[203]。

③ at 0.0 GPa and 948 K[203]。

④ at 4.6 GPa and 748 K[203]。

⑤ 2.0 GPa and 500 K[203]。

⑥ a_0=0.25050 Å，c_0=0.66610 Å，at 0.0 GPa and 295 K[204]。

⑦ at 4.5 GPa and 295 K[204]。

⑧ at 2.0 GPa and 295 K[204]。

⑨ at 4.0 GPa and 295 K[204]。

⑩ 5.0 GPa and 295 K[204]。

⑪ Ref.[205] 0.0 GPa and 295 K。

计算了 h-BN 和 c-BN 晶体在不同温度和压力下的晶格常数值。图 9.3～图 9.5 展示了在 0～3000K、0～30GPa 下 h-BN 的晶格常数 a、晶格常数 c 和 c-BN 的晶格常数 a 的具体数值。

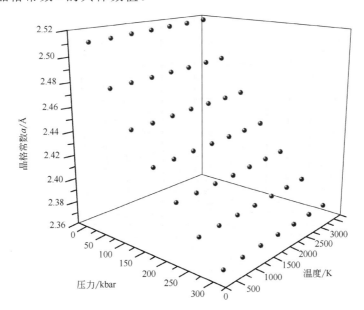

图 9.3 不同温度压力下 h-BN 的晶格常数 a 的值

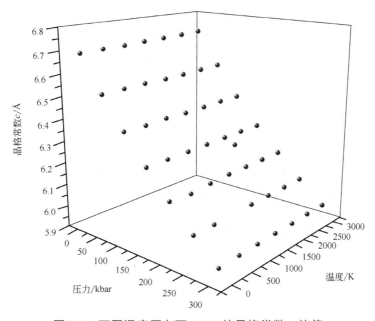

图 9.4 不同温度压力下 h-BN 的晶格常数 c 的值

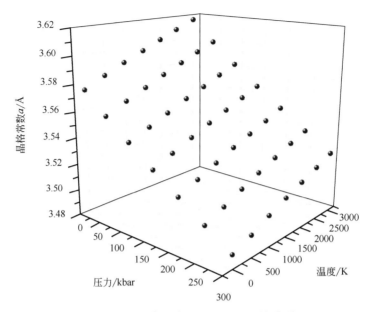

图 9.5   不同温度压力下 c-BN 的晶格常数 a

通过图 9.3 和图 9.4 可知，当温度升高，h-BN 的 a 与 c 的数值也逐渐提高。当压强增大时，则 a 与 c 的数值快速下降。通过图 9.5 能够发现，当温度上升时，则晶格常数也升高，当压强下降时，则晶格系数也随之降低。但在上升幅度上，c-BN 比 h-BN 大。得出相比 h-BN，c-BN 受温度的影响更为明显。在 5.0GPa 和 1700K 的高温高压合成条件下，h-BN 结构的晶格常数 a 与 c 分别等于 0.24940nm 以及 0.60627nm；c-BN 结构的晶格常数 a 等于 0.36352nm。Li_3BN_2 结构的晶格常数结果是：a 与 c 分别等于 0.44780nm 以及 0.50265nm。

9.2   第一性原理对表面能的计算

在现实中很难制备出毫无瑕疵的材料进行研究，但是通过理论计算，可以得到极端环境中的材料性能。前面的表征结果和理论分析表明，在高压、高温下 h-BN 受到 Li_3BN_2 的催化后就会转变成 c-BN。本章通过分子动力学的方法分别计算了 h-BN、c-BN 和 Li_3BN_2 等三个主要物相在高温高压合成条件下主要低指数晶面的表面能。从能量的角度，探讨了 c-BN 单晶的生长与相变，分析了 Li_3BN_2 具有的催化性能。

　　本文的研究与分析过程主要是通过 VASP 软件包和密度泛函理论实现的。为了对 c-BN 晶体进行分析，明确具体的生长过程，对三个物相的低指数晶面进行计算，从而得到表面能。在收敛测试之后，截断能大小是550eV。而对于晶面模型而言，布里渊区采样过程中应用的是 9×9×1K 点Monkhorst-Pack 网格，然后对物相进行设置，具体数值大小是 9×9×3K、9×9×9K、9×9×8K 点。其中真空层的厚度是 15Å。对物相各晶面进行收敛测试，最终确定出了各个晶面层数的收敛结果。在上一节的晶格常数计算部分，已经得到了三个物相在 5.0GPa、1700K 的高温高压合成条件下的晶格常数。使用该组晶格常数数值，创建了晶面能计算所需的晶面计算模型，具体模型如下：由 9 层、9 层和 13 层构建 c-BN 晶体的（111）、（100）和（110）晶面模型；由 9 层、9 层、5 层构建 h-BN 晶体的（1010）、（0001）和（1120）晶面模型；由 9 层、15 层、11 层构建 Li_3BN_2 晶体的（100）、（001）和（110）晶面模型。以上构建的模型分别见图 9.6、图 9.7、图 9.8。考虑到 c-BN 晶体中，（111）和（100）晶面具有极性，故图 9.7 中有多个c-BN 晶面模型图。

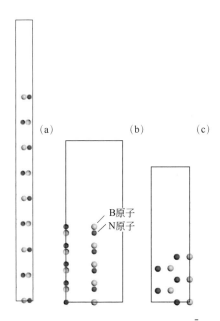

图 9.6　h-BN 超晶胞示意图[（a～c）（0001）、（10$\bar{1}$0）和（11$\bar{2}$0）晶面]

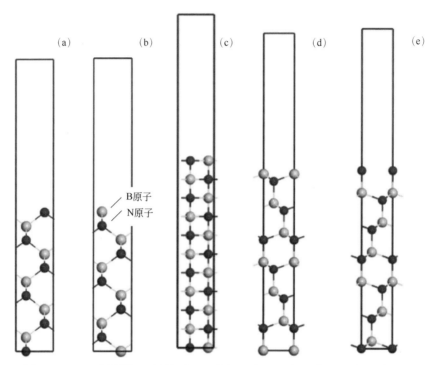

图 9.7 c-BN 超晶胞示意图[（a～e）（111）-B、（111）-N、（100）-B、（100）-N 和（110）晶面]

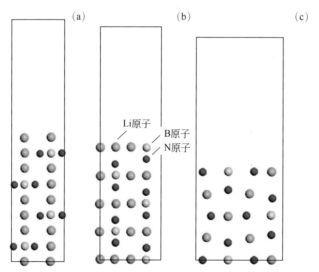

图 9.8 Li₃BN₂ 超晶胞示意图[（a～c）（001）、（100）和（110）晶面]

结构弛豫后，利用以下公式即可对各晶体的表面能进行计算：

$$\sigma = \frac{(E_{slab} - E_{bulk})}{2A} \qquad (9.1)$$

式中，A 为表面单元结构的面积；E_{bulk} 为弛豫后的晶体总能；E_{slab} 为弛豫后的晶面总能。针对 c-BN 的极性晶面，通过式（9.1）可得到：

$$\sigma = \frac{1}{2A}\left[E_{slab} - N_B \mu_{cBN}^{bulk} + (N_B - N_N)\mu_N^{slab}\right] \qquad (9.2)$$

式中，N_B 与 N_N 分别是晶面模型中 B 和 N 的数量；μ_{cBN}^{bulk} 为温度体材料中的原子总能；μ_N^{slab} 为 N 原子的化学势。

图 9.9 为 c-BN 部分晶面能随 N 的化学势变化的关系图。通过图 9.9 可知，在计算中得出 c-BN 的（110）晶面具有的表面能，结果是 $0.18eV/Å^2$，这和文献[207,208]在结果计算上具有一致性。而且，伴随 N 化学势变化，c-BN 的低指数晶面具有的表面能也随之变化，这和 Wang 等[207]得出的结果具有一致性。这也检验了理论计算法与计算参数具有较高准确度。最终借助上述计算方法，计算得到了 1700K、5.0GPa 的高温高压合成条件下 h-BN、c-BN 和 Li_3BN_2 等三个物相的表面能数值。

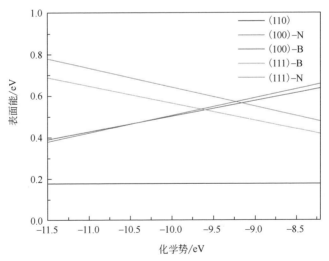

图 9.9 部分 c-BN 单晶晶面的表面能随 N 的化学势变化的关系

利用表面能计算可知：c-BN 单晶的（110）面在表面能方面处于最低水平，根据能量最低原则，这也意味着该晶面也最为稳定，该晶面也是最易解离的晶面。伴随 N 化学势变化，c-BN 晶体的表面能也随之改变。经过计算，得出表面能的平均数值，σ（100）、σ（111）、σ（110）分别等于 $0.475eV/Å^2$、

$0.436\mathrm{eV/\AA^2}$、$0.250\mathrm{eV/\AA^2}$，也就是晶面能从大到小为（100）＞（111）＞（110）。结合能量最小化的原则，c-BN 单晶的最佳裸露面主要为（110）晶面，这与实际观察到的有关晶体形貌的结论一致。在实际合成中，若想合成出优质的粗颗粒 c-BN 单晶，应通过优化后的合成工艺对晶体生长过程进行有效控制，使其（110）面的面积尽可能大。

对 Li_3BN_2 和 h-BN 来说，低指数晶面均为非极性，因此它们的低指数晶面分为三种模型结构。在 h-BN 晶体中，低指数晶面表面能的次序从小到大依次是 σ（0001）、σ（11$\bar{2}$0）、σ（10$\bar{1}$0）。而在 Li_3BN_2 晶体中，低指数晶面的表面能从小到大依次是 σ（001）、σ（110）、σ（100）。同样对这两种晶体来说，表面能越小则晶面就具有越好的稳定性。

通过表 9.2 可知，这三个物相中，表面能最高的晶面为 Li_3BN_2（100）晶面，即 $0.82\mathrm{eV/\AA^2}$，所以就能够推断出，Li_3BN_2 对催化剂熔体其它相的微小结构具有吸附作用，Li_3BN_2 吸附催化剂层中的 h-BN，使 h-BN 向 c-BN 转变的势能降低，从而对 h-BN 发生的相变起到促进作用。在晶体结构方面，c-BN 与 Li_3BN_2 具有一定相似度，合成 c-BN 单晶时，体系同样趋于降低整体表面能。因此，Li_3BN_2（100）面易于吸附纳米级具有立方相结构的 BN 单元，促进这些 BN 单元的聚集。这些聚集的 c-BN 生长单元再转移、堆积到与其晶体结构相同的籽晶表面，使 c-BN 单晶持续生长，最终合成出粗颗粒 c-BN 单晶。因此，Li_3BN_2 可加快粗颗粒 c-BN 单晶的生长速度，这也是 Li_3BN_2 作为催化剂的作用之一。

表 9.2   h-BN 和 Li_3BN_2 低指数晶面所对应的表面能   单位：$\mathrm{eV/\AA^2}$

晶面 σ	h-BN	Li_3BN_2
（0001）／（001）	0.02	0.25
（10$\bar{1}$0）（100）	0.44	0.82
（11$\bar{2}$0）／（110）	0.22	0.33

9.3 h-BN/c-BN 相图的计算

本节中针对相图的第一性原理计算，主要是用到了 VASP 软件包并借助了密度泛函理论，在计算中都使用了广义梯度近似与投影增广波法。对三物相之间的相变进行分析时，就要分析温度与压强不同的情况下三物相具有的吉布斯自由能 G。关于三物相，温度与压强不一样时，吉布斯自由能 G 为：

$$G = F + PV \tag{9.3}$$

式中，F 表示亥姆霍兹自由能，计算公式为：

$$F(T,V) = E_0(V) + F_{vib}(T,V) + F_{el}(T,V) \tag{9.4}$$

式中，E_0 为 $T=0K$ 时的基态能量；F_{vib} 即晶格振动自由能；F_{el} 为热振动在自由能方面作出的贡献。结合第一性原理得出 E_0 数值。对于 BN 系统，存在宽带隙，导致电子熵无法起到较大贡献，所以，并未将其考虑在内。

当温度与体积恒定时，振动能量项如下表示：

$$F_{vib}(V,T) = k_B T \sum_{k,i} \ln[2\sinh(\frac{hw_i(k)}{2k_B T})] \tag{9.5}$$

式中，k_B 为玻尔兹曼常数；$w_i(k)$ 为波矢 k 在第 i 次振动的声子频率，利用超晶胞法进行计算。具体见式（9.4）。

固定体积的热容通过式（9.6）获得：

$$C_V(V,T) = k_B \sum_{k,i} [hw_i(k)/k_B T]^2 \times \frac{\exp[hw_i(k)/k_B T]}{\{\exp[hw_i(k)/k_B T]-1\}^2} \tag{9.6}$$

从热力学层面分析，恒压下的热容 C_P：

$$C_P = C_V + VT\beta^2 B_0 \tag{9.7}$$

式中，β 所代表的是热膨胀系数；B_0 所代表的是体积模量，通过式（9.8）即可得到：

$$\beta = \frac{1}{V}(\frac{\partial V}{\partial T})_P$$
$$B_0 = -V(\frac{\partial P}{\partial V})_T \tag{9.8}$$

结合能量属性，使用下列公式计算压强 P 对各体积得到的自由能：

$$p = -(\partial F / \partial V)_T \tag{9.9}$$

当压强一定时，给出了一定温度下两相能够共存的点。利用该方法就可以得出三相的相变最低点以及 h-BN 与 c-BN、h-BN 与 Li_3BN_2 之间的相变共存时的温度压力点。

9.3.1　h-BN、c-BN 和 Li_3BN_2 的态密度

在计算三个物相电荷密度的分布时，首先要得到它们的态密度，即 DOS。图 9.10 为 c-BN 的 DOS 分析图，从图中可以看出，对于 c-BN 结构，费米能级的两侧存在两个显著尖峰，与 Li_3BN_2、h-BN 比较，赝能级更宽，所以，在这三相当中，c-BN 具有最强的共价键。

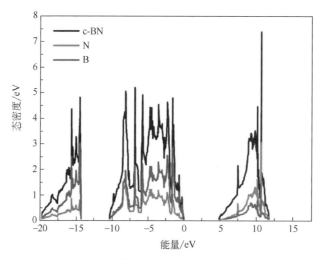

图 9.10　c-BN 单晶的总 DOS 和局部 DOS 图

　　在成键方面，B 与 N 原子都有显著贡献，而 B 原子对成键的贡献大于 N 原子。该结论和上一章的 AES 测试结果相一致。上一章的 AES 结果显示，催化剂层中的 B 含量稍多于 N。在 c-BN 的 DOS 图中，-20～-15eV、5～13eV、-10～0eV 处均存在着杂交轨道，表示该区域形成了强 B-N 键。

　　图 9.11 为 h-BN 的 DOS 图。从图中可以看出，对成键贡献来说，B 原子的贡献要大于 N 原子的贡献。这一结果与 c-BN 中 B 和 N 原子对键合的贡献结果是一致的。图 9.11 中还可看出，对 h-BN 来说，其在-16～-12eV、-7.5～0eV 处均存在着杂交轨道，表示该区域形成了强 B-N 键。

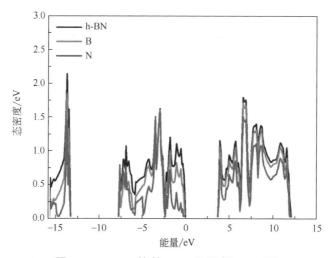

图 9.11　h-BN 的总 DOS 和局部 DOS 图

　　图 9.12 为 Li_3BN_2 的 DOS 图。通过图 9.11 和图 9.12 的比较可以发现，与 h-BN 相比，Li_3BN_2 的赝能级要低一些。这就表明，就 B-N 键的键能大小来说，Li_3BN_2 的 B-N 键键能要大于 h-BN 的。

　　同时在图 9.12 中还可以看出，对 Li_3BN_2 来说，与 Li 原子比较，B 和 N 对态密度具有更大的贡献。这表示在 Li_3BN_2 晶体中，与 Li 成键键能比较，B-N 键的键能更大一些。图 9.12 中，4~9eV、-4~0eV 处存在着杂交轨道，赝能级相对较宽，表示该区域形成了键能较大的 B-N 键。

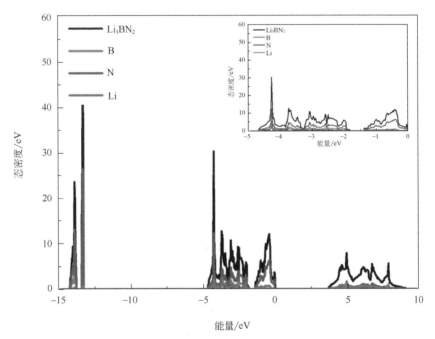

图 9.12　Li_3BN_2 的总 DOS 和局部 DOS 图

9.3.2　h-BN/c-BN 之间的物相共存点

　　使用 EOS 拟合的方法可以得到材料中各原子的体积-自由能图。图 9.13 为使用该方法得到的常温常压下 c-BN、h-BN 中各原子的体积-自由能。从图中可知，h-BN 的体积-自由能关系线位置更偏下一些，说明相比于 c-BN 能量更高，稳定性要比 c-BN 差一些。当体积为 $6.8Å^3$ 时，两相的能量值一样，这和文献资料所列数据具有一致性[209-212]。由于 h-BN 转变为 c-BN 后体积会减小，而体系总是趋向于降低能量的方向，因此在 c-BN 单晶的合成体系中，h-BN 会不断转化为 c-BN 单晶，以促使体积减小，体系的整体能量降低。

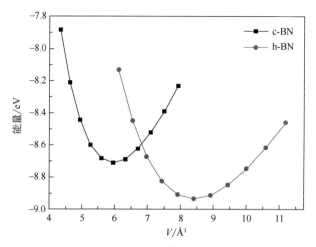

图 9.13   c-BN、h-BN 的体积与自由能关系图

使用同样的 EOS 拟合方法，获得了 Li_3BN_2 和 c-BN 在常温常压下的体积-自由能关系图，具体见图 9.14。从该图可以看出，在横坐标的范围内，Li_3BN_2 的曲线与 h-BN、c-BN 的曲线有明显的不同。在图中的 11.8 $Å^3$ 处，两条曲线有一个交点，说明此时两相的能量相同，二者之间可以发生相互转变。本章已经计算了各相在不同温度和压力下的晶格常数，从 c-BN 的晶格常数计算结果来看，可以发现 c-BN 中的 B、N 原子的体积在高温高压合成条件下是达不到 11.8 $Å^3$ 这一数值的。据此可以得知，在 c-BN 单晶的合成过程中，Li_3BN_2 难以发生向 c-BN 的直接转变。相图的计算可以进一步验证该结论。

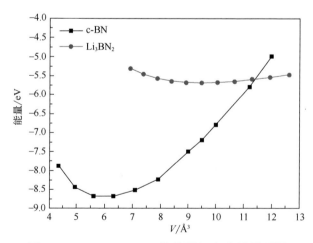

图 9.14   c-BN、Li_3BN_2 的体积与自由能关系图

9.3.3　h-BN/c-BN 相转变的 P-T图

通过 PHONON 和 VASP 软件进行分析与计算，可以得到一定温度下物相的具体变化情况，了解自由能和体积之间的关系。一定温度下物相的压强-自由能关系可以通过式（9.9）计算得到。温度不同，物相所表现出来的情况也有所不同，可以通过压强和温度的函数来计算，在温度和压强的共存点位置，两个物相具有相同的吉布斯自由能。在一定的压强下，物相的吉布斯自由能相同时，可以得到这些物相在某个温度下的共存点。

在 1700K 的条件下，c-BN、h-BN 的压强-自由能的关系见图 9.15。

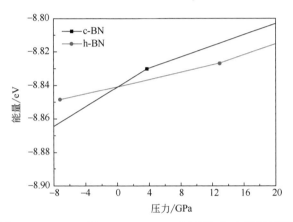

图 9.15　1700K 时 c-BN、h-BN 的压强-自由能关系图

从图中可以看到两相的共存点，根据该共存点可以得到两相之间转变的 P-T 关系图（图 9.16）。

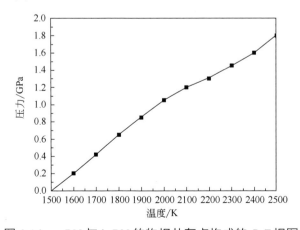

图 9.16　c-BN 与 h-BN 的物相共存点构成的 P-T 相图

通过该组数据可以发现，在温度条件为 1700K、压强条件为 0.45GPa 时，二者的吉布斯自由能相同，此处为曲线的交点，也即二者的物相共存点。以此类推，可以得到二者在其它温度条件下的物相共存点，最终可以获得二者之间转变的 *P-T* 相图，如图 9.16 所示，图 9.16 即为使用该方法得到。从图 9.16 中可以发现，c-BN 单晶合成的最低温度为 1523K。与 Yu 等[213]研究者计算的基本相同，由此可以得知该方法具有一定的合理性。

9.3.4　Li$_3$BN$_2$的相转变点

因为压强为正值，所以在一定的温度下，物相相变时最低的压强就是最低相变点。累积不同温度下 Li$_3$BN$_2$ 的最低压强，得到图 9.17。

图 9.17 为 Li$_3$BN$_2$ 转变的 *P-T* 相图，该图包含 Li$_3$BN$_2$ 可以产生相变的 *P-T* 范围，相变范围包括了合成 c-BN 单晶的压强和温度。在横坐标所表示的温度范围内，h-BN⟶c-BN 相变过程中需要的压强和温度比 Li$_3$BN$_2$ 可以发生相变的压强和温度低。所以，h-BN⟶c-BN 的相变过程更加容易发生。在合成 c-BN 单晶时，c-BN 单晶中的 B、N 主要是从 h-BN 当中而来。

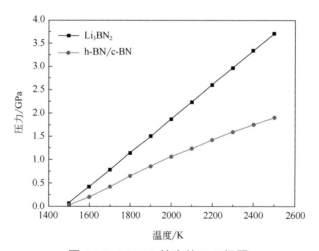

图 9.17　Li$_3$BN$_2$ 转变的 *P-T* 相图

综上结果可知，对于 c-BN 单晶而言，（110）晶面表面能最低，由此表明此晶面稳定性最高。从能量最小化原理进行分析，优质粗颗粒 c-BN 单晶的裸露面主要应为（110）晶面，这与形貌观察的结论相一致。在实际合成中，应通过优化后的合成工艺对晶体生长过程进行有效控制，使其（110）面的面积尽可能大，方能合成出优质的粗颗粒 c-BN 单晶。Li$_3$BN$_2$ 的（100）

晶面的表面能是 $0.82eV/Å^2$，远高于其它晶面。Li_3BN_2 具有与 c-BN 结构相似的晶体构造，Li_3BN_2（100）面易于吸附纳米级具有立方相结构的 BN 单元并使其聚集。这些聚集的 c-BN 生长单元再转移、堆积到籽晶表面，使 c-BN 单晶持续生长。从表面能的角度分析，Li_3BN_2 可加快粗颗粒 c-BN 单晶的生长速度。热力学计算结果表明：h-BN——▶c-BN 转变过程中需要的压强和温度比 Li_3BN_2 可以发生相变的压强和温度低。据此认为，在优质粗颗粒 c-BN 单晶合成中，c-BN 应由 h-BN 在 Li_3BN_2 的作用下直接相变而来，而非是 Li_3BN_2 直接分解而来。

第 10 章

粗颗粒 c-BN 单晶合成机理分析及催化剂组织控制

　　随着科技的不断发展，c-BN 单晶作为功能性半导体，其应用受到广泛关注。其中，c-BN 大单晶的合成成为研究的重点，其催化机理一直是重要的研究课题。虽然众多学科的研究者对 c-BN 的催化机理已经进行了较广泛的研究，提出了多种催化机理[44,58,143,201,203]，但是由于高温高压的极端合成条件，对 c-BN 的在线检测无法实现，目前仍缺乏催化剂法催化合成 c-BN 的直接证据，尤其是电子结构如何在 Li$^+$催化作用下发生转变的实验依据。因此，研究高温高压催化剂法催化机理对大单晶 c-BN 的合成将提供重要的参考依据。

　　本书在前面章节中利用多种检测手段，对锂基催化剂合成 c-BN 的催化剂物相结构及电子结构进行了表征，获得了大量的实验证据，并在此基础上对合成过程中反应的热力学可行性进行了理论计算。综合考虑表征实验和理论计算结果，可得到如下重要提示：

　　① c-BN 单晶催化剂层中存在的主要物相结构为 h-BN、c-BN 和 Li$_3$BN$_2$，未发现原料 Li$_3$N 的存在，结合相图分析得知高温高压条件下 Li$_3$N 应与 h-BN 反应生成 Li$_3$BN$_2$。在催化剂层不同位置均发现了 c-BN 微颗粒的存在，该颗粒以纳米级尺寸存在于催化剂层中并具有一定的含量。

　　② 高温高压条件下，催化剂层中 B、N 原子的电子结构 sp^2 和 sp^3 杂化状态是逐渐变化的。从催化剂外层到 c-BN/催化剂层界面，B、N 原子的电子结构由 sp^2 逐渐过渡到 sp^3。在催化剂内层，B、N 原子结构相对接近于 c-BN，而催化剂外层，其原子结构更接近于 h-BN。

③ 热力学计算结果表明：在采用锂基催化剂法合成 c-BN 单晶的合理温度、压力范围内，反应 h-BN⟶c-BN 的相变自由能均为负值，反应 Li_3BN_2⟶c-BN+Li_3N 仅在低压条件下（4.6～4.8GPa）反应自由能变化为负值，但前者反应的自由能变化更负，说明 h-BN 直接转变为 c-BN 的反应更容易发生。

④ 通过第一性原理对 Li_3BN_2 的相变点与 c-BN 和 h-BN 的相变共存点进行计算，发现在相变过程中 h-BN⟶c-BN 需要的压强和温度比 Li_3BN_2 低。在整个高温高压合成过程中 Li_3BN_2 始终存在。

⑤ Li_3BN_2 的（100）晶面的表面能较高，可作为 c-BN 单晶生长基元聚集的基底，从而促使单晶更好地生长。

10.1　高温高压下立方氮化硼单晶形成的讨论

催化剂层是与 c-BN 单晶直接接触的部分，可以为 c-BN 生长带来最直接的信息。基于"室温下 c-BN 催化剂层可以保留高温高压下的诸多信息"和"高温高压条件下催化剂熔体内存在近程有序的固相结构"的考虑，结合前期实验结果，对高温高压下锂基催化剂合成的 c-BN 催化剂层各物相的作用进行了推断。

10.1.1　催化剂层各物相结构相关性的讨论

Turkevich 和 Devries[77,111]通过对相图的研究提出，c-BN 单晶在液态催化剂和 c-BN 区域内可以稳定生长，即稳定生长区域应在催化剂熔点之上（如图 1.9 所示）。相图显示催化剂出现在 c-BN 形核之前，c-BN 应伴随着 Li_3BN_2 的出现而产生。在 5.3GPa 压力下，当合成温度超过 1120K 时，Li_3N 在图中已经不存在。当 BN 的含量约为 50%（以原子计）时，在 1620K 以下是 Li_3BN_2 和 c-BN 共存的区域，在 1600～3220K 范围内为 L+c-BN 区域。因此，在 c-BN 的稳定存在区域内，有可能存在着其它近程有序的固相结构。

由此可以判断，c-BN 的生长应与 Li_3BN_2 密切相关，而 c-BN 的形成非 Li_3BN_2 分解产生。图 10.1 显示在 5.0GPa 条件下，只有 Li_3N 的含量超过 6%（摩尔分数）时，c-BN 才能够从高温高压熔体中析出[77]。在高温高压条件下，催化剂原料 Li_3N 在升温升压过程中应首先与 h-BN 反应生成 Li_3BN_2。

如果 c-BN 生长是由 h-BN 直接转变来提供 B、N 原子的话，则在催化剂层中伴随着 c-BN 的形成其周围都应该有 Li_3BN_2 的存在。在单晶形成过程中，Li_3BN_2 首先发挥的应是催化作用，其结构在反应前后应无明显变化。这与所得到的实验结果相一致，在催化剂各层中存在 h-BN、c-BN 和 Li_3BN_2，均未发现 Li_3N 的存在。因为 c-BN 单晶的转变是在界面处进行，因此，我们可以推断，c-BN 应由 h-BN 直接转变而来。在随后的单晶生长过程中，六方相、立方相以及催化剂相以近程有序的结构在快速冷却时一起保留至室温。由于前述表征实验是"淬火"后的合成块，为了进一步证实直接转变这一推测，我们利用热力学理论对高温高压下各物相之间的关系进行了理论计算。通过分别计算 Li_3BN_2 和 h-BN 分解出 c-BN 的自由能变化表明，在催化剂法合成 c-BN 条件下，h-BN 分解出 c-BN 比 Li_3BN_2 分解产生 c-BN 的吉布斯自由能更负，热力学势垒更小。这一结果也佐证了催化剂法 c-BN 单晶生长所需的 B、N 原子来源于 h-BN 的直接转变。

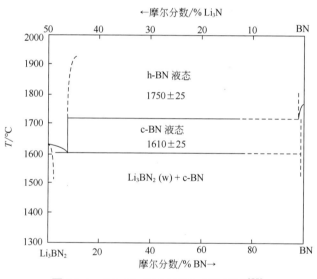

图 10.1　5.0GPa 下 Li_3BN_2-BN 相图[77]

10.1.2　催化剂催化条件下立方氮化硼形核机理

高温高压条件下，h-BN 向 c-BN 的转变涉及复杂的电子结构变化。B、N 原子及其基团只有处在 sp^3 杂化态或者易于进一步转化为 sp^3 杂化态的情况下才能够完成六方相向立方相的转变，从而形成 c-BN 单晶。这一过程需要在催化剂的作用下才能够完成，然而，催化剂是如何实现 $sp^2\pi$ 向 sp^3 的转化这一过程，目前还没有相关的证据来确定。各表征实验结果证明了这一转化过程在催化剂层中是逐步进行的。从能量角度分析，催化剂的催化作用在于降低 h-BN 向 c-BN 转化的界面能[138]，在高温高压催化剂熔体内具有 $sp^2\pi$ 的 BN 基团在催化剂催化下通过激活机制促使 sp^3 杂化态的 BN 完成形核过程。

由于 c-BN 晶核形成之前不存在催化剂层，所以 c-BN 应在高温高压已经形成的含有 Li_3BN_2 的催化剂熔体内产生。有关文献指出[62]，Li_3BN_2 在加热条件下不能分解产生 c-BN，因此六方相向立方相转变的过程就是在催化剂作用下 B、N 原子之间结合键转变的过程。高温高压条件下，Li_3BN_2 与 h-BN 形成共熔体，Li_3BN_2 中的 BN_2^{3-} 侵入六方相中，使 h-BN 层间的范德华力受到影响，从而发生滑移或断裂，此时 h-BN 的远程有序结构消失，逐渐降低为低聚合度的 BN 团簇。与此同时，Li^+ 由于最外层电子的缺失，因而具有较强的空间电子吸附能力，能够吸引处于高温活跃状态的 h-BN 中 N 原子中的一个电子，并将其传送给 B 原子，此时 B、N 原子的电子结构均变为 $2s^22p^2$，在高温高压条件下 B、N 原子的 s 轨道上的电子被激发到空的 p 轨道，形成具有类似 sp^3 杂化状态的 BN 原子基团。随着 h-BN 的不断被催化，熔体内具有类 sp^3 态的 BN 原子基团数量不断增加，尺寸不断增大，合成腔内温度压力的微小波动都会使得这些类 sp^3 态的原子团聚集、碰撞，从而产生 c-BN 晶核。

HRTEM 分析已经证实了在催化剂层中 c-BN 微颗粒的存在（见 5.2.3 催化剂层微结构的 HRTEM 分析）。这些微颗粒存在于催化剂层的不同位置，其尺寸仅为几十纳米，无法与周围物相进行区分，但已具有立方相结构，因此能够通过 XRD 检测到其存在，是具有 sp^3 杂化状态的 BN 原子基团。由 c-BN 单晶生长动力学理论计算可知（见 8.2.1 临界晶核半径的计算和 8.2.2 临界形核功的计算），只有在满足临界形核功的条件下，c-BN 才能形核，临界形核的半径大小与合成的温度及压力有直接关系。TEM 分析也证实了界面层中 c-BN 微颗粒的存在（见 5.2.2 立方氮化硼/催化剂层界面物相结构的 TEM 分析）。由此可以断定，c-BN 应在催化剂层完成其形核过程。

10.1.3　B、N 原子在催化剂层中的扩散过程

在高温高压条件下，通过催化剂层的作用，可以实现 c-BN 的形核和

长大。高温高压合成开始时，h-BN 在相应体系的热力学和动力学条件下，首先溶于催化剂熔体中。然后通过扩散的方式使得催化剂熔体中的 B、N 原子浓度不断增加，逐渐达到饱和，并且这个达到饱和溶解度的范围逐渐向已形核的单晶基体推进。当达到合适的条件时，c-BN 晶核形成。随后，晶核/催化剂层界面形成并隔离 c-BN 和 h-BN。在后续的 c-BN 单晶生长过程中，主要通过催化剂层来补充 B、N 原子。催化剂熔体中由于 B、N 原子的过饱和程度不同，因此在催化剂层中逐渐产生了浓度梯度，c-BN 生长所需要的 B、N 原子将以扩散的方式通过催化剂层进行传输。扩散使得催化剂层中 B、N 原子以基团的存在方式达到饱和浓度，扩散到单晶界面并析出，堆积到 c-BN 晶面上。AFM 实验在 c-BN（111）晶面和（100）晶面发现的锥形突起充分说明了 BN 基团从催化剂熔体扩散到 c-BN 表面后留下的痕迹（见 8.1 节 立方氮化硼晶体界面的 AFM 分析图 8.3 和图 8.4）。但是，由于无法实现高温高压条件下对催化剂熔体的在线检测，再者由于所涉及的各物相的热力学数据的缺乏，因此无法从理论上进行扩散过程浓度梯度的计算。

文献[46,100]指出，c-BN 一旦形核后，在晶核外与其紧密相连的应为催化剂层，再往外则应该是大量存在的 h-BN。图 10.2 是在合成块横断面上，在催化剂与 h-BN 交界处剥离了 c-BN 单晶后留下的凹坑，催化剂层隔离了 c-BN 单晶和 h-BN。该催化剂层将为 c-BN 单晶生长提供 B、N 原子，故 c-BN 单晶优先向 h-BN 方向生长，催化剂层为 c-BN 的生长提供了必要的条件。

图 10.2　催化剂与 h-BN 交界处剥离 c-BN 单晶后凹坑的 SEM 像

利用 Raman、AES、XPS 和 EELS 等多种分析手段获得的证据表明，在 c-BN 催化剂层中，电子结构的变化是逐步进行的，即 sp^2 杂化态逐渐向 sp^3 杂化态转变。XPS 实验结果表明从催化剂外层（即接近于 h-BN）

向催化剂内层（即接近于 c-BN 单晶），sp^2-BN 的含量由 61.18% 逐渐变为 28.24%，而 EELS 分层实验结果表明，催化剂层从外到内，B-sp^3 的含量分别是 63.47%、67.24% 和 79.53%。同时，结合谱图分析可知，B、N 的电子结构在催化剂内层接近于 c-BN，而在外层接近于 h-BN。随着 h-BN 向 c-BN 的转化，在 c-BN 形核处 sp^2-BN 的含量将会降低，而在催化剂外层 h-BN 是充足的，此时在催化剂层中便会形成 sp^2-BN 的浓度梯度。在浓度梯度的驱动下，催化剂外层高浓度的 sp^2-BN 逐步向 c-BN 单晶与催化剂的接界处推进，并在该接界处完成向 c-BN 的转化，从而在催化剂层由外到内形成了 sp^3-BN 的浓度梯度，并在与单晶接界处达到最大值。由此看出，c-BN 在高温高压下的生长过程，实际上就是不同电子结构的 BN 含量在催化剂层中不断波动的过程。这为 c-BN 的催化机理提供了重要的参考依据。假若 c-BN 应为催化剂 Li_3BN_2 产生，那么在催化剂内层，除了大量的 sp^3-BN 存在外，还应存在大量的催化剂分解产物（如 Li_3N）。然而如前所述，在催化剂内层中 XRD 实验结果并未发现分解产物的存在，因此有理由相信，c-BN 不应为催化剂 Li_3BN_2 分解产生，而应为 h-BN 在催化剂催化作用下发生直接转变而形成。

10.1.4　立方氮化硼界面生长机理

归根到底，高温高压条件下 c-BN 单晶生长是原子由无序状态向有序状态转变的过程，c-BN 形核后以同质外延的方式进行单晶生长。在已形成的母相和新生相之间存在着一个锐变的生长界面。这个生长界面对生长条件极为敏感，其原子的排布既不同于新生相，又不同于母相，而是一个与其在新生相中的成键特性以及母相中原子之间相互作用力有关的过渡区。晶体界面的结构对生长特性的影响主要体现在影响表观的生长形态、造成生长形态的各向异性、影响结晶界面的生长速度等。通过 SEM 实验在 c-BN 晶面发现了片层状生长台阶，在 AFM 实验中在晶体界面上发现了锥形突起及层状台阶（见 8.1 立方氮化硼晶体界面的 AFM 分析图 8.6），结晶界面的微观结构可以反映出单晶的生长机理。

图 10.3 为熔体生长机制与过冷度的关系曲线[214]。组分过冷在晶体生长中是十分重要的现象，在出现组分过冷后，晶体界面的稳定性将受到破坏，晶体界面形态也会随之改变。在图 10.3 中，当生长过冷度 $\Delta T > \pi \Delta T^*$（邻界过冷度）时，结晶过程按照连续生长的方式进行；当 $\Delta T < \Delta T^*$ 时，结晶过程将按照台阶生长方式；而当 $\Delta T^* < \Delta T < \pi \Delta T^*$ 时，结晶过程将按照准侧向

生长的方式进行。在连续生长区，晶体生长速率与过冷度呈线性关系。而侧向生长区内，生长速率与过冷度的平方呈正比关系。

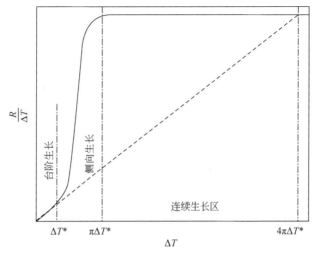

图 10.3   熔体生长机制与过冷度的关系[215]

在高温高压条件下生长 c-BN 的过程中，由于 h-BN 和催化剂层的传热系数不同，因此在合成腔体内 h-BN 的温度应高于催化剂层的温度。由于 c-BN 通常生长在 h-BN 和催化剂层的交界处，假若温度在催化剂层中呈线性分布，由于在高温高压熔体内催化剂层中过饱和 BN 基团的分布不均匀，此时晶体的生长界面呈现不稳定状态。在 c-BN 生长过程中，B、N 原子不断地在已形成的 c-BN 晶核上凝固析出形成边界层。凝固点随溶质的浓度降低，在生长前沿会产生一个狭窄的过冷区，c-BN 只有在生长前沿达到凝固点才能产生。因为过冷区的存在，在高温高压熔体内界面所产生的结构将保留下来。此时，平直的界面变为不稳定，在不同的情况下，它将转化为颗粒状或者胞状晶界面。利用 AFM 在 c-BN（100）晶面和（111）晶面上发现的亚颗粒证实了这一点。然而，由于此时的 c-BN 界面仍然处于不稳定状态，这些颗粒状界面也是不稳定的，随着合成的不断进行，具有类 sp^3 杂化态的 BN 原子基团不断在界面上析出，进行重新聚集，从而完成 c-BN 单晶的生长。

可提供 c-BN 生长台阶的晶体学条件包括二维形核、螺型位错及孪晶生长等[216]。对于完全平行于密排面且无位错的 c-BN 生长界面，可通过二维形核的方式形成生长台阶，如图 10.4 所示。

图 10.4　c-BN 的晶面片层生长台阶

如果 B、N 原子或基团在催化剂熔体中的过饱和度足够高，并且晶面足够大，则新的生长层晶核可以在已有的片层覆盖于整个晶面之前形成。在满足热力学稳定条件下，片层的厚度、数量及其形成的频度与 B、N 原子或基团在催化剂中的过饱和程度有关。由晶体生长理论可知，奇异面可以通过二维形核不断产生台阶从而维持晶体的持续生长[217]，二维形核需要克服由台阶棱边能所形成的热力学位垒。通过二维形核可以测算出生长速度，在形核过程中存在着形核的临界驱动力。从理论上讲，c-BN 在低于该临界驱动力的情况下几乎无法进行晶体生长。然而，实际的合成温度压力显示，即使在远低于该临界驱动力的情况下，c-BN 单晶仍能以一定的速度进行生长。这意味着在 c-BN 生长过程中存在着某些可以降低或消除二维形核的形核位垒的因素，c-BN 单晶中的缺陷就能产生此效应。当 c-BN 结晶界面上存在与界面垂直的螺型位错时，晶体长大机制与二维形核有所不同。当螺型位错穿过晶体表面时，起源于位错在晶体表面露头点的台阶在 c-BN 生长的过程中不会消失。这些位错露头点在晶体生长中称为片层台阶的起源，只要该位错在生长界面垂直方向上有一分量，该位错就可以使与界面平行的晶面长成螺型面。图 10.5 显示了在 c-BN 晶面上不同位置存在着的典型螺型位错生长台阶。c-BN 生长过程中，由于内部存在微观杂质或过饱和空位所产生的位错会使得 c-BN 的生长模式发生改变。螺型位错的存在提供了无限多的台阶源，故在远低于二维形核的临界驱动力作用下，c-BN 仍能够生长。

此外，在 c-BN 单晶中也发现了孪晶生长现象，如图 10.6 所示。在高温高压生长期间由于单晶生长速度相对较快，如果输送到 c-BN 表面的 B、N 原子或基团由于错排而达到孪晶结构形成的位置，则可能形成孪晶[218]。或者有可能在 c-BN 的高温高压形核阶段孪晶就已经在所形成的晶核内初步形成。Yin 等[219]通过 TEM 实验发现了在 c-BN 单晶中存在纳米级的 h-BN 颗粒，指出影响孪晶形成和长大的主要因素是被溶解的 B、N 原子或基团由六方相向 c-BN 单晶表面的扩散传输。

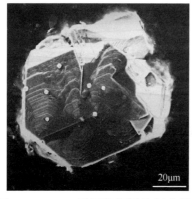

图 10.5   c-BN 晶面的螺型生长台阶   图 10.6   c-BN 孪晶生长

由以上分析可知，在给定的生长驱动力作用下，界面的微观结构决定了界面的生长机制。若单晶界面为粗糙界面，那么其生长机制为连续生长，满足线性的动力学规律；若单晶界面为光滑界面，则可能为二维形核机制或位错生长机制。由于晶体的各向异性，在相同的驱动力下，不同类型的界面在不同的生长机制下，晶面的生长速度不同。研究界面的微观结构，对于了解单晶生长机制，合成晶型较好的 c-BN 单晶可以提供实验参考。

10.2   粗颗粒 c-BN 单晶高温高压合成机理分析

Devries 等[77]学者研究后提出，在熔融催化剂和 c-BN 与 Li$_3$BN$_2$ 的混合区中，c-BN 单晶可以稳定存在，这一区域中不会对其产生影响，可以正常生长，即 c-BN 稳定区；在 5.0GPa 的条件下，只有 Li$_3$N 摩尔分数超过 6% 时，c-BN 才能够从高温高压熔体中析出。Karan Sahni 等[220]学者研究提出，温度超过 700℃ 的时候，Li$_3$N 即可完全与 h-BN 反应得到 Li$_3$BN$_2$。

c-BN 单晶的合成温度远超 700℃，因此在合成过程中没有 Li$_3$N 存在。同时从 XRD 与 HRTEM 的表征结果可以看出，"淬火"后的催化剂层中同样没有 Li$_3$N 的存在。据此可知，c-BN 单晶高温高压合成过程中真正的催化剂为 Li$_3$BN$_2$。

10.2.1　Li₃BN₂ 催化 h-BN 相变的理论模型

在无催化剂参与的情况下，h-BN 主要依靠超高压和高温提供的能量转化为 c-BN。转变的具体过程如图 10.7 所示。在超高压和高温作用下，B、N 原子互相靠近且外围电子变得不稳定，达到一定条件后 N 原子的 $2p_z$ 轨道失去一个电子，B 原子的 $2p_z$ 轨道夺取一个电子，导致二者由 sp^2 杂化态转变为 sp^3 杂化态。B、N 从三配位转变为四配位，BN 由六方相转变为立方相。该相变过程完全没有催化剂参与，仅仅依靠压力和温度的作用来促成，需要克服的势垒相当大。没有催化剂参与的合成体系，合成 c-BN 单晶所需的压强和温度远远高于有催化剂参与的合成体系。

上层：B　sp^2　+　$2p_z^0$ ⟶ sp^2　+　$2p_z^1$ ⟶ sp^3　B

PT ↑　　　　　　　　　　　　　　　　　↓

下层：N　sp^2　+　$2p_z^2$ ⟶ sp^2　+　$2p_z^1$ ⟶ sp^3　N

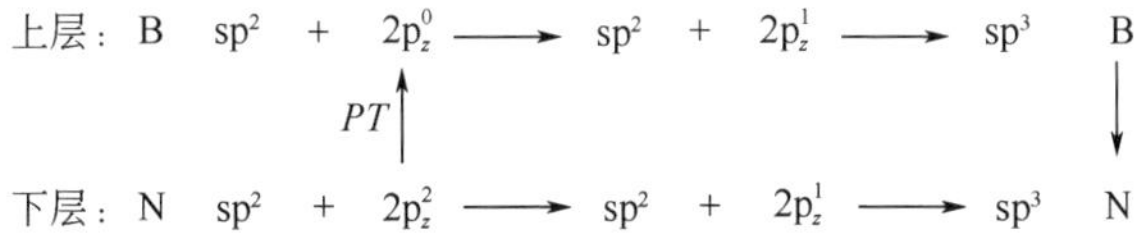

图 10.7　无催化剂催化时，h-BN 向 c-BN 相变的结构示意图

图 10.8 为相关文献中不同 BN 结构互相相变所需克服的势垒数据。从该图可以看出，这几个不同 BN 结构相变对比的话，h-BN 向 c-BN 转变的难度最高，需克服 9.4eV/atom 的势垒。从 h-BN 相变为其它 BN 结构所需势垒来看，h-BN 转变为 r-BN 所需势垒最低，为 0.76eV/atom，相变难度最低。从分子动力学理论来看，7eV/atom 的势垒是一个难以逾越的界限。若两物相转变所需势垒高于这一值，该相变就很难发生。

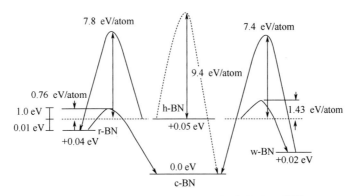

图 10.8　氮化硼不同物相间的相变势垒图[206]

同时从图 10.8 中的结果还可以看出，当 r-BN 相变为 c-BN 时，仅需要克服 0.04eV/atom 的势垒，该势垒值为所有 BN 相变所需克服势垒的最低值，

因此该相变极易发生。该现象的发生与二者的晶体结构有关。r-BN 与 c-BN 的晶体结构具有很好的对称性，二者相变仅需 B、N 原子少量的位移即可发生。根据相关文献的结论，r-BN 相无法在 c-BN 的高温高压合成区间存在[206]。由此可知，在有催化剂参与的情况下，h-BN 相变为 c-BN 的过程中，并不能产生 r-BN 相。考虑到催化剂的参与确实大大降低了合成条件，因此在 h-BN 向 c-BN 转变的过程中应该会有其它与 c-BN 结构接近的中间结构产生。籽晶的加入也能降低 h-BN 相变为 c-BN 的势垒。图 10.9 中为 Li_3BN_2 的晶体结构图。

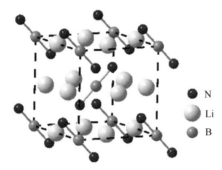

图 10.9 Li_3BN_2 中 B、N 原子的成键

图中重点显示了 B、N 原子间的成键。综合以上的分析，建立了高温高压合成条件在 Li_3BN_2 的催化下，h-BN 直接转变为 c-BN 的模型。该模型具体见图 10.10 和图 10.11。

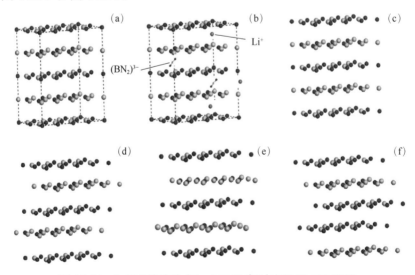

图 10.10   h-BN 转变为与 c-BN 具有对应性的 BN 结构

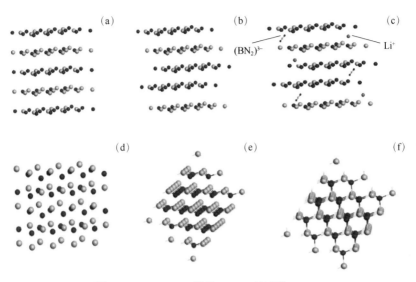

图 10.11　Li₃BN₂ 催化 h-BN 转变为 c-BN

图 10.10 和图 10.11 展示的相变过程具体步骤如下：

① 在 c-BN 单晶合成过程中，温度升到一定程度后，会发生 $Li_3N+h\text{-}BN \longrightarrow Li_3BN_2$ 的反应，该反应为共熔反应。在 h-BN 转变为 c-BN 的过程中，Li_3BN_2 才是真正的催化剂。

② 图 10.10（a）为 h-BN 的合成初始状态，h-BN 的层与层之间通过弱 π 键连接，该键键能为较弱的范德华力，键能强度远弱于六边形网格的键能强度。

③ 图 10.10（b）展示了 Li_3BN_2 对 h-BN 晶格的破坏情况。Li_3BN_2 在合成条件下为熔融态，其中较大的 $(BN_2)^{3-}$ 进入了 h-BN 的层间，破坏层间的弱 π 键；同时较小的 Li^+ 也能够扩散进 h-BN 的层间，破坏层间的弱 π 键。在以上离子和离子基团的作用下，h-BN 被逐渐降解，最终形成图 10.10（c）中的低聚合度的 sp^2 杂化态 BN 原子基团。

④ 低聚合度的原子基团形成后，极易发生层间的变形。经过如图 10.10（d）的平移和如图 10.10（e）的转动后，最终形成图 10.10（f）所示的结构，该结构与 c-BN 的晶体结构具有一定的对应性。

⑤ 通过以上几个步骤，h-BN[图 10.11（a）]逐渐转变为与其有结构对应性、松散的 BN 结构[图 10.11（b）]。该 BN 结构在 Li^+、$(BN_2)^{3-}$ 的持续影响下，B、N 间结合力较强的共价键遭到破坏，并最终形成如图 10.11（c）所示的结构。

⑥ 高压能够压缩原子间的距离，高温可使原子振动加剧。在高温高压的作用下，图 10.11（c）中的 BN 结构转变为图 10.11（d）中的结构。

⑦ Li⁺具有得失电子的能力，可以作为电子转移的媒介。在 Li⁺的作用下，N 原子 $2p_z$ 轨道失去一个电子，同时 B 原子 $2p_z$ 的轨道得到一个电子，B、N 转变为具有 sp^3 杂化态的原子，从而形成具有立方相的 BN 结构[图 10.11（e）]。该 BN 结构可成为 c-BN 单晶的微小生长基元。

⑧ 在温度、压力及 Li⁺、$(BN_2)^{3}$ 的持续作用下，c-BN 的生长基元不断生成，然后堆积到籽晶表面，最终得到 c-BN 单晶[图 10.11（f）]。

c-BN 合成柱的各个区域中，可存在若干区域 h-BN 转变成 sp^3 结构。当生成一些立方结构时，h-BN 转变为 c-BN 的自由能减小，h-BN 更容易转变为 c-BN。伴随反应不断进行，最终得到结晶质量较好的 c-BN 晶体。

10.2.2　c-BN 单晶的生长机理

c-BN 单晶合成时工艺控制非常复杂，在具体生产环节，诸多因素都会产生影响，比如温度场、压力场不均匀等。这些影响对 h-BN 转变为 c-BN 的过程不利，从而使得 c-BN 单晶最终有各种缺陷。通过前期的 SEM 及 AFM 形貌观察可知，实际合成出的 c-BN 单晶具有各种杂质、生长痕迹及三角孔洞等各种表面生长缺陷。由此可知在合成过程中，不利因素对片层式堆积的生长方式产生了影响。在c-BN 单晶的生长基元向单晶表面堆积的过程中，一旦高温高压工艺曲线控制不好或体系中有其它杂质，很容易产生表面缺陷。c-BN 生长基元在这些表面缺陷的基础上继续堆积，最终就会形成如图 10.12、图 10.13 和图 10.14 的粗颗粒 c-BN 单晶的各种生长形态。

图 10.12　粗颗粒 c-BN 单晶的生长台阶（SEM）

图 10.13　粗颗粒 c-BN 单晶表面的孔洞（SEM）

　　粗颗粒 c-BN 单晶的表面形貌能够反映出该单晶的生长过程。从前期得到的优质粗颗粒 c-BN 单晶图片中可以发现，这些单晶的裸露面以（110）晶面、（111）晶面为主，同时从前期得到的 c-BN 单晶 AFM 表面图像中能发现有二维形核生长的痕迹。通过分析可以发现，高温高压合成环境下，催化剂熔体各区域中 h-BN 转变成 c-BN 时，c-BN 生长基元形成之后，就会呈现出持续增加的趋势，并且不断堆积到籽晶表面。由于浓度梯度的存在和 Li_3BN_2 加速 c-BN 生长基元聚集的作用，c-BN 生长基元不断向晶体表面扩散、堆积，最终得到 c-BN 单晶。粗颗粒 c-BN 单晶生长时，大量分子层能够同时堆积到已形成的晶面之上。并且，通常情况下上一层还在堆积生长时，下一层就已经开始生长，这个过程持续进行，就使晶体表面形成了一种阶梯状结构。合成体系中的饱和度越高，则向晶体表面沉积的分子层越厚，沉积速度也越快，晶体生长尺寸就越大，同时也容易在 c-BN 单晶的表面形成大尺寸的、明显的台阶。在合成体系中，不可避免地会存在一些杂质，晶体生长过程也会产生一些如螺型位错等生长缺陷。为降低体系的能量，这些杂质和缺陷易于成为新的生长点。以这些生长点为基础生长的单晶，容易产生明显的表面生长缺陷（图 10.13）。

　　合成过程中使用的催化剂往往具有较高的表面能，这也是催化剂的特征之一。通过上一章的表面能计算可知，Li_3BN_2 在合成体系的三个主要物相中具有最高的表面能，符合催化剂的这个特征。同时，Li_3BN_2 的晶体结构与 c-BN 的晶体结构有一定的对应性，表面能较高的 Li_3BN_2（110）晶面则更易于吸附 c-BN 的生长基元,加快 c-BN 生长基元的聚集。c-BN 生长基元聚集后向 c-BN 晶体表面堆积,晶体不断以片层方式生长。生长过程中遇到杂质或产生位错时,生长方式则易于转变为位错生长。

在 c-BN 合成过程中,同样发现有一些孪晶生长的情况,具体见图 10.14。推测可能原因有二:一是高温高压状态下, c-BN 具有较快的生长速度,其表面 c-BN 生长基元出现错排等情况导致生成了孪晶;二是在籽晶的添加过程中分散不好,相邻比较近的两个或多个籽晶同时生长,在晶体合并的过程中形成。

图 10.14   粗颗粒 c-BN 单晶的孪晶生长现象(SEM)

10.2.3   Li$_3$BN$_2$ 的催化机理

本节尽管应用的催化剂材料为 Li$_3$N,然而经过上述研究发现,Li$_3$BN$_2$ 在合成 c-BN 单晶过程中发挥出了真正的催化作用。对于 h-BN 结构而言,B 外层电子状态为 sp^2+2sp$_z^0$, N 为 sp^2+2sp$_z^2$。熔融催化剂在压强和温度一定时,Li$^+$ 可从 N 中获得 1 个电子,并且 Li 非常活波,非常容易失去 1 个电子。所以相同层中与之连接的 B 就可以获得该电子,如此结构就发生了变化,B、N 从 sp^2 杂化态朝着 sp^3 杂化态转变。接触 Li$_3$BN$_2$ 的六方相 BN 结构最先朝着立方相 BN 结构转变,最终得到立方相的生长基元。

早期合成 c-BN 单晶时,金属 Mg 是使用最为广泛的催化剂。伴随研究工作的不断开展,碱土金属和碱金属硼化物等发挥出了越来越大的作用，成为了较为流行的催化剂材料，较好地应用到 c-BN 单晶的合成过程中。比如 Mg_3N_2、Li_3N、Ca_3N_2 等。从对比结果来看，在 c-BN 单晶合成过程中，选择的催化剂材料不同时，最终合成后颗粒尺寸和形貌的差异也很大。Ca、Li、Mg 等元素化学性质较为活泼，外围电子层易得到或者失去电子。这三种元素对比来看，Mg 元素更加稳定，但仍然容易发生氧化反应。采用 Mg_3N_2 作催化剂的合成体系，合成出的 c-BN 单晶整体粒度偏细且生长质量较差，颜色为黑色。Mg_3N_2 催化剂合成体系得到的 c-BN 单晶一般可用于对产品强度要求不高的制品上。相对而言，Li 元素活性更大，最容易失去电子，因此选择 Li_3N 催化剂生产优质粗颗粒 c-BN 单晶更具优势。在优质粗颗粒 c-BN 大单晶的合成过程中，首选 Li 基催化剂。Ca 基催化剂同样无法获得较为理想的合成效果，最终产物较小尺寸，通常在 0.2mm 左右，所以 Ca_3N_2 催化剂最终催化得到的产品一般都应用在生产 c-BN 初级产品等方面。在实际生产过程中，应根据不同的使用需求，选择不同的催化剂材料。

根据表面能的计算结果可知，Li_3BN_2 的（100）晶面在三个主要物相的低指数晶面中具有最高的表面能，因此比较容易在催化剂层中吸附产生 c-BN 生长基元，促进 c-BN 生长基元的聚集，加快 c-BN 的生长速度，而后 c-BN 的生长基元沉积到籽晶表面。c-BN 生长基元向晶体表面的沉积过程控制不好就容易使 c-BN 单晶表面形成多种缺陷。

综上所述，粗颗粒 c-BN 单晶的合成机理如下：首先 Li_3N 与 h-BN 反应生成 Li_3BN_2，Li_3BN_2 浸入 h-BN 晶格中并使 h-BN 不断降解为 BN 团簇，并且 Li^+ 可以把 N 外层电子转移至 B 的空轨道上，实现电子从 N 转移到 B，同时在高温高压的作用下，BN 团簇直接转变为具有 sp^3 杂化状态的 c-BN 生长基元，该生长基元不断堆积在籽晶表面，使 c-BN 单晶不断长大。表面能较高的 Li_3BN_2（100）晶面不仅可吸附催化剂熔体中的 h-BN 使其转变为更多的 c-BN 生长基元，还可协助 c-BN 生长基元聚集，加快 c-BN 单晶的生长速度。晶体生长过程伴随有台阶生长、螺型位错生长及孪晶生长等多种生长方式。

根据上述合成机理分析，h-BN 的粒度越细应该越有利于粗颗粒 c-BN 单晶的合成。首先，h-BN 粒度越细，比表面积越大，与 Li_3BN_2 的接触面积也越大，越容易被催化；其次，h-BN 粒度越细，越容易被 Li_3BN_2 降解为微小的 BN 团簇。针对这一推测，后续将开展批量高温高压合成实验进行验证。

10.3   高温高压催化剂组织与粗颗粒 c-BN 单晶合成效果的关系

研究 c-BN 合成机理的目的是为合成出高品质、粗颗粒的 c-BN 单晶打好理论基础，同时实现高温高压下催化剂结构的有效控制，更好地指导优质粗颗粒 c-BN 单晶的生产合成。合成机理明确之后，就可以根据合成机理进行合成原材料或催化剂的设计，进一步优化合成工艺，控制高温高压催化剂组织，最终合成出高品质粗颗粒 c-BN 单晶。本节研究粗颗粒 c-BN 单晶合成效果与合成后 Li 基催化剂组织结构的相关性，最终目的为实现优质粗颗粒 c-BN 单晶的高温高压催化剂组织控制。

选取前期实验获得的三种品质不同的粗颗粒 c-BN 单晶样品，分别命名为样品 a、样品 b 和样品 c，三种样品的形貌如图 10.15 所示。

从图 10.15 可以看出，样品 a 的 c-BN 单晶合成效果最好，晶体尺寸最大，且表面平整光滑，具有较少缺陷，为典型的优质粗颗粒 c-BN 单晶；样品 b 的合成效果次之，粒度也稍细一些；样品 c 的合成效果最差，粒度也最细。

图 10.15   三种品质不同的粗颗粒 c-BN 单晶样品

10.3.1 粗颗粒 c-BN 单晶合成效果与催化剂层物相组成的关系

将 c-BN 单晶表面至离表面 $30\mu m$ 内的粉末定义为催化剂层。分别取样品 a、样品 b、样品 c 的催化剂层粉末作为检测样品。利用 XRD 对三种样品催化剂层的物相开展检索及标定，以绝热法得出每个物相的质量分数，对比合成效果不同的单晶在催化剂层的物相方面具有的含量差异。

图 10.16 为三种样品的 XRD 对比图。在样品催化剂层当中都发现了 h-BN、c-BN、Li_3BN_2，但是并没有发现 Li_3N，这与前期的 XRD 结果相同。在高温高压合成过程中，h-BN 和 Li_3BN_2 均表现为近中程有序的熔融态[156]。在熔融状态下，受到 Li_3BN_2 的催化作用，h-BN 的结构转变为 c-BN 生长单元，该生长单元逐渐沉积于籽晶表面，且不断长大。进行快速冷却时，c-BN 聚集在催化剂层，存在形式为纳米结构的生长单元。

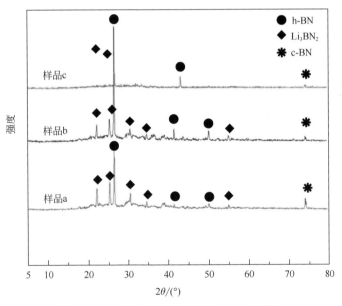

图 10.16 三种样品催化剂层 XRD 图谱

10.3.2 粗颗粒 c-BN 单晶合成效果与催化剂层内物相含量的关系

根据 XRD 结果，采用绝热法对催化剂层内物相进行了定量分析。对 K

值法进行优化与调整，就可以得到绝热法。系统中某个物相的质量占比计算公式如下：

$$W_X = \frac{I_X}{K_A^X \sum_{i=A}^{N} \dfrac{I_i}{K_A^i}}$$ （10.1）

式中，W_X 为物相 X 的质量分数；I_X 为物相最强峰的积分强度；K_A^X 为物相的 K 值；N 表示的是样品中物相的个数，此处可知该数值为 3。根据以上公式，三种物相含量的具体计算公式如下：

$$W_{h\text{-}BN} = \frac{I_{h\text{-}BN}}{K_{h\text{-}BN}^{h\text{-}BN}\left[\dfrac{I_{h\text{-}BN}}{K_{h\text{-}BN}^{h\text{-}BN}} + \dfrac{I_{c\text{-}BN}}{K_{h\text{-}BN}^{c\text{-}BN}} + \dfrac{I_{Li_3BN_2}}{K_{h\text{-}BN}^{Li_3BN_2}}\right]}$$ （10.2）

$$W_{c\text{-}BN} = \frac{I_{c\text{-}BN}}{K_{h\text{-}BN}^{c\text{-}BN}\left[\dfrac{I_{h\text{-}BN}}{K_{h\text{-}BN}^{h\text{-}BN}} + \dfrac{I_{c\text{-}BN}}{K_{h\text{-}BN}^{c\text{-}BN}} + \dfrac{I_{Li_3BN_2}}{K_{h\text{-}BN}^{Li_3BN_2}}\right]}$$ （10.3）

$$W_{Li_3BN_2} = \frac{I_{Li_3BN_2}}{K_{h\text{-}BN}^{Li_3BN_2}\left[\dfrac{I_{h\text{-}BN}}{K_{h\text{-}BN}^{h\text{-}BN}} + \dfrac{I_{c\text{-}BN}}{K_{h\text{-}BN}^{c\text{-}BN}} + \dfrac{I_{Li_3BN_2}}{K_{h\text{-}BN}^{Li_3BN_2}}\right]}$$ （10.4）

最终的计算结果见表 10.1。从表 10.1 可以看出，如果 c-BN 单晶有较好的合成效果，则催化剂层当中 Li_3BN_2 具有较高含量，在总量中占比 49%，但 c-BN 含量非常少，仅占比 5%。如果 c-BN 单晶表现出较差的合成效果，则催化剂层当中 c-BN 微晶具有极高含量，在总量中占比 49%，但 Li_3BN_2 含量极少，仅占比 10%，同时 h-BN 在含量上并无明显变化，基本都处于 40%~50%这一范围。所以，c-BN 单晶的合成效果存在差异，则 c-BN、Li_3BN_2 含量也同样存在一定差异。对比三组样品中 Li_3BN_2 与 c-BN 的含量，在 Li_3BN_2 含量方面，与样品 c 比较，样品 a 高出 39%，在 c-BN 含量方面，与样品 c 比较，样品 a 低 44%。根据以上结果分析，在 c-BN 合成条件下，h-BN 在 c-BN 单晶的生长 "V" 区呈亚稳定相，逐渐转变为 c-BN 结构，Li_3BN_2 能够取得较好的催化效果。结合上一小节中的讨论，h-BN 在高温高压及 Li_3BN_2 的作用下逐渐分解并形成 c-BN 生长基元，这些生长基元在 Li_3BN_2 的作用下聚集并沉积到 c-BN 籽晶的晶面上，所以 Li_3BN_2 在 c-BN 单晶的形成过程中不仅起催化作用，而且还起协助 c-BN 单元聚集并传输的作用。在合成前期，很多 h-BN 都转变成 c-BN 生长基元，但单晶与催化剂层界面生成 c-BN 生长基元的数量较少，同时因为有浓度梯度，使得在熔体介质的作用下，c-BN 微晶逐渐聚集到籽晶的表面，c-BN 单晶持续长大，单晶颗粒增大。若 Li_3BN_2 在催化剂层当中含量相对较少，则 c-BN 生长基元的生成数量也较少，而且由于缺少熔体介质，c-BN 生长基元聚集及运输速度极低，导致生长基元大量聚集于催化剂层，使得 c-BN 单晶的合成较差。所以，Li_3BN_2 与 c-BN 的含量直接影响 c-BN 的合成效果。

表 10.1   样品催化剂层内各物相的含量

样品	Li_3BN_2/%（质量分数）	c-BN/%（质量分数）	h-BN/%（质量分数）
a	49	5	46
b	39	13	48
c	10	49	41

10.3.3   粗颗粒 c-BN 单晶合成效果与催化剂层形貌的关系

三组样品的催化剂层形貌如图 10.17 所示。从图 10.17（c）中可以看出，样品 c 的 c-BN 单晶外围催化剂层中存在大量分布均匀的、尺寸在 1μm 左右的球状物。这些快速冷却得到的球状物有高温熔融的痕迹。相比样品 c，样品 a 不仅包含大量熔融物，同时在单晶与催化剂层的界面包含大量管状组织，这些管状组织的尺寸约为 $D1 \times 2μm$。在催化剂层形貌上，样品 a 与样品 b 比较相似，仅仅是管状组织尺寸上，样品 b 小于样品 a。所以，当单晶的合成效果存在差异时，催化剂层的组织形貌也存在一定区别。结合催化剂层物相含量来看，若单晶合成的效果相对较差，则 c-BN 生长基元在含量上比 Li_3BN_2 高得多，同时 c-BN 生长基元与 h-BN 在"淬火"后呈球状形貌。在催化剂层，c-BN 微晶借助管状组织聚集到单晶表面，所以，管状组织起到运输作用。

在 c-BN 单晶高温高压合成环境中，催化剂层中 Li_3BN_2 与 c-BN 的含量能够直接影响单晶成长。通过第 4 章的研究发现，Li_3N 催化剂的添加量过多和过少都不利于粗颗粒 c-BN 单晶的合成。催化剂添加量过多会造成高温高压催化剂组织中 Li_3BN_2 含量偏高、c-BN 生长基元数量偏少，且催化剂层会偏厚，导致 c-BN 运输距离加大，造成晶体生长速度过慢；催化剂添加量过少会造成高温高压催化剂组织中 Li_3BN_2 含量偏低，影响 h-BN 向 c-BN 的转化和 c-BN 微晶向晶体表面的输送，同样会造成晶体生长速度缓慢。若要合成出优质的粗颗粒 c-BN 单晶，高温高压催化剂组织中的 Li_3BN_2 应有一个最佳含量。根据上一小节的定量分析，该最佳含量为 49% 左右。

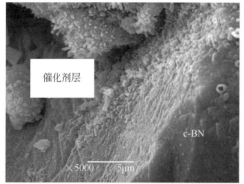

图 10.17　三组样品的催化剂层形貌（SEM）

10.4　高温高压催化剂组织控制的合成实验验证

为验证以上有关合成机理和催化剂组织控制的分析，进行了批量合成实验进行验证。

根据合成机理分析，c-BN 是在催化剂的作用下由 h-BN 直接转变而来，催化剂层中有大量微小的 c-BN 生长基元，且生长基元逐渐聚集在 Li_3BN_2（100）晶面，并堆积到籽晶表面，c-BN 单晶逐渐长大。细颗粒的 h-BN 原材料由于和催化剂的接触面积更大、单颗粒体积更小，显然更容易被 Li_3BN_2分解，转化为 c-BN 的生长基元。因此，采用粒度更细的 h-BN 作为合成原材料应该更有利于粗颗粒 c-BN 的合成。前期实验所用 h-BN 的粒度中位径 $D50$ 在 7～9μm。本次实验特意使用粒度更细的、中位径 $D50$ 在 2～4μm 的 h-BN 原材料来进行验证。所用 h-BN 的纯度在 99.9%以上。

根据第 3 章、第 4 章的结论，采用如下合成工艺进行合成实验：使用粒度为 100～140 目的 Li_3N 作为催化剂，Li_3N 添加量为 10%（质量分数）；使用 100～120 目的 c-BN 微粉作为籽晶，籽晶添加量为 4%（质量分数）；采用慢升压、功率平稳分布以及 15min 加热时间的高温高压合成工艺曲线，其中使用的合成功率为 4890W，合成压力为 95MPa。

本次实验在一台六面顶压机上进行了一个月的连续生产，共使用合成组装块 2205 套。合成结束，经过煮水、煮酸、煮碱提纯处理后，提取出了 c-BN 单晶。称取 c-BN 单晶总产量为 286690ct，平均单块产量为 130.02ct。c-BN 单晶的单块产量稍高于第 4 章工艺优化后的产量。使用振动筛对 c-BN 单晶进行了粒度筛分，粒度分布结果如图 10.18 所示。从筛分结果看，30～50 目的 c-BN 单晶占比为 57.3%，另外≥30 目的单晶占比 5.1%，整体≥50 目的 c-BN 粗颗粒占比达到 62.4%，高于第 4 章优化工艺的结果。

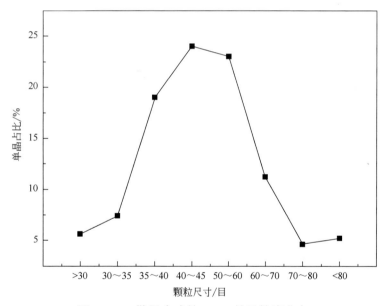

图 10.18　批量合成的 c-BN 单晶粒度分布

在提纯 c-BN 单晶之前，随机抽取了 5 块"淬火"后的 c-BN 合成柱，提取了 c-BN 单晶外围 30μm 内的催化剂层进行 XRD 分析。结果如图 10.19 所示。从图中可以看出，c-BN 单晶外围的催化剂层中含有 h-BN、c-BN、Li_3BN_2，未发现催化剂层中有 Li_3N 存在。采用绝热法，计算了 h-BN、c-BN、Li_3BN_2 的含量，结果分别为 46.5%、5% 和 48.5%，这与样品 a 催化剂层的各组分含量基本一致。

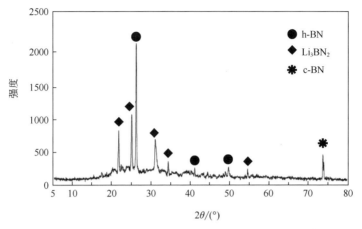

图 10.19   批量合成后得到的催化剂层的 XRD 图谱

图 10.20 为批量合成后的 c-BN 单晶/催化剂界面的 SEM 图。从图中可以看出，催化剂层中存在大量团聚在一起的熔融球状物，同时 c-BN 单晶与催化剂层界面上还存在大量的管状组织，这些管状组织无论形状、尺寸还是含量，与样品 a（优质 c-BN 单晶样品）外围催化剂组织中的基本相同。该形貌特征为优质粗颗粒 c-BN 单晶外围催化剂所特有。

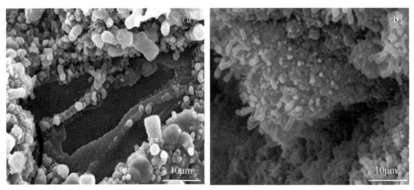

图 10.20   批量合成的 c-BN 单晶/催化剂层界面的 SEM 像

（a）c-BN 单晶与催化剂层界面的管状结构形貌；（b）催化剂层管状结构形貌

从图 10.21 和图 10.22 可以看出，最终合成出的优质 c-BN 单晶为琥珀色，透明度较高，部分单晶尺寸在 0.5mm 以上。晶形为典型的八面体，晶面平整、致密，多为（111）和（110）晶面，晶体内部缺陷较少，结晶质量好。整体来看，（110）晶面面积占比大的粗颗粒 c-BN 单晶，其结晶质量相对更好，这与 c-BN 表面能计算的结论相吻合。

图 10.21　批量验证实验合成出的优质粗颗粒 c-BN 单晶（SEM）

抽取 100 粒 50～60 目粒度的 c-BN 单晶测得平均静压强度值为 50N，冲击韧性为 51.5%，强韧性指标均优于第 4 章得到的粗颗粒 c-BN 单晶。

从实验验证情况看，根据合成机理对原材料 h-BN 进行了改进，同时按照优化后的合成工艺进行高温高压合成，达到了控制催化剂组织的目的，催化剂组织控制的思路也得到了相应的验证，最终实现了合成工艺的再优化，批量获得了单块产量较高的优质粗颗粒 c-BN 单晶（图 10.22）。

图 10.22　批量验证实验合成出的粗颗粒 c-BN 单晶体视显微镜图片（×20）

由以上分析可知，结合相图讨论了高温高压合成 c-BN 催化剂层中各物相结构的相互作用，指出 h-BN 应在催化剂 Li_3BN_2 的催化作用下发生直接转变形成 c-BN，催化剂层中的 h-BN 为 c-BN 单晶的形成提供 B、N 原子。高温高压条件下，具有 sp^2 杂化状态的 BN 原子基团在 Li_3BN_2 的催化作用下，

逐步形成具有类似 sp^3 杂化状态的 BN 基团。随着 h-BN 的不断被催化，熔体内具有类 sp^3 态的 BN 原子基团数量不断增加，尺寸不断增大，从而产生 c-BN 晶核。在催化剂层内，B、N 原子或基团通过扩散的方式向 c-BN 单晶方向生长，此驱动力为 B、N 原子或基团在催化剂层中的浓度梯度。c-BN 界面微观形貌表明，在单晶表面存在相对不稳定的颗粒状界面以及相对稳定的片层状台阶，同时也发现了螺型位错台阶的存在。结合界面生长机制分析，前者是由催化剂熔体内界面处组分过冷引起的界面不稳定造成的；后者是由二维形核以及 c-BN 晶面上的螺型位错引起的。在此基础上提出了 Li_3BN_2 催化 h-BN 向 c-BN 结构转变的理论模型，分析了 c-BN 的合成机理。Li_3BN_2 可浸入 h-BN 的晶格，将 h-BN 降解为 BN 团簇。Li_3BN_2 中的 Li^+ 在电子的得失过程中，造成 B 与 N 原子的电子转移，将 $sp^2\pi$ 态的六方相结构 BN 转变成 $sp^3\sigma$ 态的立方相结构 BN，产生了 c-BN 生长基元。接触 Li_3BN_2 的 h-BN 不断转变成 c-BN 生长基元并逐渐沉积到籽晶表面，籽晶逐渐长大成粗颗粒 c-BN 单晶。表面能较高的 Li_3BN_2（100）晶面不仅可吸附催化剂熔体中的 h-BN 使其转变为更多的 c-BN 生长基元，还可协助 c-BN 生长基元聚集，加快 c-BN 单晶的生长速度。根据观察到的 c-BN 单晶的生长缺陷可知，c-BN 单晶生长过程中会伴有二维形核生长、位错生长以及孪晶生长。根据机理分析，细颗粒的 h-BN 原材料由于和催化剂的接触面积更大、单颗粒体积更小，更容易被 Li_3BN_2 分解，转化为 c-BN 的生长基元。因此，采用粒度更细的 h-BN 作为合成原材料应有利于优质粗颗粒 c-BN 的合成。

通过对合成后的催化剂组织形貌的观察和表征发现：粗颗粒 c-BN 单晶催化剂层内含有的物相为 h-BN、c-BN 和 Li_3BN_2。对比不同合成效果的 c-BN 单晶外围催化剂组织发现，合成效果最好的 c-BN 单晶催化剂层当中 Li_3BN_2 占比为 49%（质量分数），c-BN 占比为 5%（质量分数），同时均匀分布有大量管状组织，且越靠近单晶表面，该组织数量越多。催化剂层中的 c-BN、Li_3BN_2 含量与优质粗颗粒 c-BN 单晶合成效果直接相关。根据合成机理分析，将原材料 h-BN 的粒度中位径 $D50$ 在 $7\sim9\mu m$ 改为 $D50$ 在 $2\sim4\mu m$，同时按照第 4 章优化后的合成工艺进行了批量的高温高压合成实验，实验后观察到的管状催化剂组织与前期实验得到的优质粗颗粒 c-BN 外围管状催化剂组织基本相同，成功实现了催化剂组织的控制，最终实现了合成工艺的再优化，批量获得了单块产量更高的、质量更优的粗颗粒 c-BN 单晶。单晶静压强度达到 50N，冲击韧性达到 51.5%。

1. c-BN 晶体结构

a=3.6159 Å

原子	x	y	z
B	0.25000	0.25000	0.25000
B	0.75000	0.75000	0.25000
B	0.75000	0.25000	0.75000
B	0.25000	0.75000	0.75000
N	0.00000	0.00000	0.00000
N	0.00000	0.50000	0.50000
N	0.50000	0.00000	0.50000
N	0.50000	0.50000	0.00000

2. h-BN 晶体结构

a=2.5040 Å，c=6.6610 Å

原子	x	y	z
B	0.33333	0.66667	0.75000
B	0.66667	0.33333	0.25000
N	0.33333	0.66667	0.25000
N	0.66667	0.33333	0.75000

3. Li₃BN₂ 晶体结构

a=4.6435 Å，c=5.2592 Å

原子	原子	x	y	z
N	N	0.20380	0.20380	0.00000
N	N	0.79620	0.79620	0.00000
N	N	0.29620	0.70380	0.50000
N	N	0.70380	0.29620	0.50000
Li	Li_2	0.00000	0.50000	0.25000
Li	Li_2	0.00000	0.50000	0.75000
Li	Li_2	0.50000	0.00000	0.25000
Li	Li_2	0.50000	0.00000	0.75000
Li	Li_1	0.00000	0.00000	0.50000
Li	Li_1	0.50000	0.50000	0.00000
B	B	0.00000	0.00000	0.00000
B	B	0.50000	0.50000	0.50000

参考文献

[1] 方啸虎，郑日升，温简杰，等. 超硬材料及制品现状与展望[J]. 超硬材料工程，2008，1：41-44.

[2] Camuscu N，Aslan E. A comparative study on cutting tool performance in end milling of AISI D_3 tool steel[J]. Journal of Materials Processing Technology，2005，170（1-2）：121-126.

[3] Zunger A. A molecular calculation of electronic properties of layered crystals. Ⅱ. Periodic small cluster calculation for graphite and boron nitride[J]. Journal of Chemical Physics，1974，76（7）：76-95.

[4] Sachdev H. Comparative aspects of the homogeneous degradation of c-BN and diamond[J]. Diamond and Related Materials，2001，10：1390-1397.

[5] Monteiro S N，Skury A L D，Azevedo M G d，et al. Cubic boron nitride competing with diamond as a superhard engineering material-an overview[J]. Journal of Materials Research and Technology，2013，2（1）：68-74.

[6] Pal B，Chattopadhyay A，Chattopadhyay A. Development and performance evaluation of monolayer brazed c-BN grinding wheel on bearing steel[J]. The International Journal of Advanced Manufacturing Technology，2010，48（9）：935-944.

[7] Prasad C，Dubey J D. Electronic Structure and Properties of Cubic Boron Nitride[J]. Physica Status Solidi（B），1984，125（2）：629-638.

[8] McHale J M，Navrotsky A，DiSalvo F J. Energetics of ternary nitride formation in the（Li，Ca）-（B，Al）-N system[J]. Chemistry of Materials，1999，11（4）：1148-1152.

[9] Denkena B，Köhler J，Ventura C E H. Grinding of PC-BN cutting inserts[J]. International Journal of Refractory Metals and Hard Materials，2014，42（1）：91-96.

[10] Mishima O，Tanaka J，Yamaoka S，et al. High-temperature cubic boron nitride p-n junction diode made at high pressure[J]. Science，1987，238（4824）：181-183.

[11] Golberg D，Bando Y，Bourgeois L，et al. Insights into the structure of BN nanotubes[J]. Applied Physics Letters，2000，77（13）：1979-1981.

[12] 方啸虎，温简杰，郑日升. 中国超硬材料新态势[J]. 超硬材料工程，2010，1：18-21.

[13] Wentorf R H. Cubic form of boron nitride[J]. Journal of Chemical Physics，1957，26：956.

[14] Guo W，Jia X，Guo W L，et al. Effects of additive LiF on the synthesis of c-BN in the system of Li_3N-h-BN at HPHT[J]. Diamond and Related Materials，2010，19（10）：1296-1299.

[15] 吉晓瑞，杨大鹏，杨晓红，等. h-BN-LiH/h-BN-Li_3N-B 体系合成 c-BN 的赋色过程研究[J]. 高压物理学报，2010，24（3）：231-236.

[16] Fukunaga O，Takeuchi S，Taniguchi T. High pressure synthesis of cubic BN using Fe-Mo-Al and

Co-Mo-Al alloy solvents[J]. Diamond and Related Materials, 2011, 20 (5): 752-755.

[17] Du Y H, Ji X R, Yang X X, et al. The influence of h-BN crystallinity and additive Lithium hydride on c-BN synthesis in Li$_3$N-h-BN system[J]. Diamond and Related Materials, 2007, 16 (8): 1475-1478.

[18] Bundy F P, Wentorf R H. Direct transformation of hexagonal boron nitride to denser forms[J]. Journal of Chemical Physics, 1963, 38 (5): 1144-1147.

[19] 张铁臣, 徐晓伟, 郭伟力, 等. 不同颜色立方氮化硼的合成及耐热性的研究[J]. 高压物理学报, 1990, 4 (4): 270-275.

[20] 伍红儒, 寇自力, 李拥军, 等. 立方氮化硼的高压合成研究[J]. 工具技术, 2009, 43 (5): 36-40.

[21] 赖泽锋, 高志增, 廉刚, 等. 利用水热合成方法制备正交氮化硼微晶[J]. 高等学校化学学报, 2008, 29 (5): 887-891.

[22] Haubner R, Wilhelm M, Weissenbacher R, et al. Boron Nitrides - Properties, Synthesis and Applications[J]. Structure and Bonding, 2002, 102: 1-45.

[23] Bohr S, Haubner R, Lux B. Comparative aspects of c-BN and diamond CVD[J]. Diamond and related materials, 1995, 4: 714-719.

[24] Bartl A, Bohr S, Haubner R, et al. A comparison of low-pressure CVD synthesis of diamond and c-BN[J]. International Journal of Refractory Metals and Hard Materials, 1996, 14 (1): 145-157.

[25] 张剑云, 王鹏飞, 丁士进, 等. CVD 金刚石薄膜 (111) 与 (100) 取向生长的热力学分析[J]. 功能材料, 2001, 32 (2): 217-219.

[26] Sokolowski M. Deposition of wurtzite type boron nitride layers by reactive pulse plasma crystallization[J]. Journal of Crystal Growth, 1979, 46 (1): 136-138.

[27] Sachdev H, Scheid P. Formation of silicon carbide and silicon carbonitride by RF-plasma CVD[J]. Diamond and Related Materials, 2001, 10 (3): 1160-1164.

[28] Kuhr M, Reinke S, Kulisch W. Nucleation of cubic boron nitride (c-BN) with ion-induced plasma-enhanced CVD[J]. International Journal of Refractory Metals and Hard Materials, 1995, 4(4): 375-380.

[29] Collazo-Davila C, Bengu E, Marks L D, et al. Nucleation of cubic boron nitride thin films[J]. Diamond and Related Materials, 1999, 8: 1091-1100.

[30] Capelletti R, Elena M, Miotello A, et al. Synthesis of mixed hexagonal-cubic BN thin films at low temperature[J]. Applied Surface Science, 1997, 108 (1): 33-38.

[31] Kuznetsov F A, Golubenko A N, Kosinova M L. A thermodynamic approach to chemical vapor deposition of boron nitride thin films from borazine[J]. Applied Surface Science, 1997, 113-114: 638-641.

[32] 张铁臣. 立方氮化硼触媒多样性及生长特性研究[J]. 金刚石与磨料磨具工程, 2004, 139 (1):

27-30.

[33] 王光祖，张相法，张奎. 立方氮化硼晶体生长与三大基材的关系[J]. 超硬材料工程，2009，21（2）：19-22.

[34] 郭玮，郭伟力，王琰弟，等. 细颗粒 c-BN 的高温高压合成研究[J]. 超硬材料工程，2010，22（4）：10-12.

[35] 王光祖. 在不同触媒-h-BN 体系中 c-BN 的合成[J]. 超硬材料工程，2006，17（3）：44-47.

[36] Tian Y J，Xu B，Yu D L，et al. Ultrahard nanotwinned cubic boron nitride[J]. Nature，2014，493：385-388.

[37] Fukunaga O. The equilibrium phase boundary between hexagonal and cubic boron nitride[J]. Diamond and Related Materials，2000，9（1）：7-12.

[38] Bindal M M，Singh B P，Singhal S K，et al. On the choice of hexagonal boron nitride for high pressure phase transformation using the catalyst solvent process[J]. Journal of Materials Science，1991，26（1）：196-202.

[39] 吉晓瑞. h-BN 的结晶性质变化对 c-BN 合成的影响及 c-BN 的直接成核与生长[D]. 吉林：吉林大学，2008：60-72.

[40] Batsanov S S. Features of phase transformations in boron nitride[J]. Diamond and Related Materials，2011，20（5）：660-664.

[41] Solozhenko V L，Will G，Elf F. Isothermal compression of hexagonal graphite-like boron nitride up to 12 GPa[J]. Solid State Communications，1995，96（1）：1-3.

[42] Bocquillon G，Loriers-Susse C，Loriers J. Synthesis of cubic boron nitride using Mg and pure or M'-doped Li_3N，Ca_3N_2 and Mg_3N_2 with M'= Al，B，Si，Ti[J]. Journal of Materials Science，1993，28（13）：3547-3556.

[43] Kurdyumov A V，Britun V F，Borimchuk N I，et al. Phase transformations of disordered structures of graphite-like boron nitride under high-temperature shock compression[J]. Powder Metallurgy and Metal Ceramics，2004，43（9）：525-532.

[44] 张铁臣，马文骏. $Ca_3B_2N_4$-h-BN 系中立方氮化硼的膜生长机制[J]. 高压物理学报，1992，6（4）：273-278.

[45] Mishima O，Yamaoka S，Fukunaga O. Crystal growth of cubic boron nitride by temperature difference method at 55 kbar and 1800℃[J]. Journal of Applied Physics，1987，61（8）：2822-2825.

[46] Sato T，Endo T，Kashima S，et al. Formation mechanism of c-BN crystals under isothermal conditions in the system BN-$Ca_3B_2N_4$[J]. Journal of Materials Science，1983，18（10）：3054-3062.

[47] Lorenz H，Lorenz B，Kühne U，et al. The kinetics of cubic boron nitride formation in the system BN-Mg_3N_2[J]. Journal of Materials Science，1988，23（9）：3254-3257.

[48] 徐晓伟，李玉萍，赵红梅，等. Li_3N，Mg_3N_2，Ca_3N_2 催化作用的比较和分析[J]. 高压物理学报，

2003，17（2）：141-144.

[49] 王洪波. 氮化硼高压相变机制的第一性原理研究[D]. 吉林：吉林大学，2009：1-10.

[50] 徐晓伟，邹广田. 氮化硼固相转变的船形模型[J]. 高压物理学报，1992，3（6）：217-220.

[51] 徐晓伟，李玉萍，刘庆国. 立方氮化硼表面的金属膜[J]. 北京科技大学学报，1995，17（1）：50-53.

[52] 徐晓伟，赵红梅，范慧俐. 用 h-BN 合成 c-BN[J]. 北京科技大学学报，2001，23（4）：337-339.

[53] Strong H M，Hanneman R E. Crystallization of Diamond and Graphite[J]. The Journal of Chemical Physics，1967，46（9）：3668-3676.

[54] Strong H M，Chrenko R M. Further study on diamond growth rates and physical properties of laboratory-made diamond[J]. The Journal of Physical Chemistry，1971，75（12）：1838-1843.

[55] 苟清泉. 高温高压下石墨变金刚石的结构转化机理[J]. 吉林大学学报，1974，2：52-63.

[56] Solozhenko V L，Turkevich V Z，Kurakevych O O，et al. Kinetics of Diamond Crystallization from the Melt of the Fe-Ni-C System[J]. The Journal of Physical Chemistry B，2002，106（26）：6634-6637.

[57] 周艳平，闫学伟. 高温高压下立方氮化硼晶体的生长机制[J]. 无机材料学报，1995，10（4）：391-398.

[58] Yamane H，Kikkawa S，Koizumi M. High and low temperature phases of lithium boron nitride Li_3BN_2: preparation，phase relation，crystal structure，and ionic conductivity[J]. Journal of Solid State Chemistry，1987，71（1）：1-11.

[59] Kuroyama Y，Itoh K，Liu Z Y，et al. On direct transformation from h-BN to c-BN[J]. Journal of Materials Processing Technology，1999，85：97-99.

[60] Lorenz H，Orgzall I. Formation of cubic boron nitride in the system Mg_3N_2-BN a new contribution to the phase diagram[J]. Diamond and Related Materials，1995，4（8）：1046-1049.

[61] Yamada Y，Tatebayashi Y，Tsuda O，et al. Growth process of cubic boron nitride films in bias sputter deposition[J]. Thin Solid Films，1997，295：137-141.

[62] Solozhenko V L，Turkevich V Z. High pressure phase equilibria in the Li_3N-BN system in situ studies[J]. Materials Letters，1997，32：179-184.

[63] Gijnna Jvd，Meurer H J，Nover G，et al. In-situ investigations of the reversible h-BN-c-BN-h-BN transformation in the Li_3N-BN catalyst system using synchrotron radiation[J]. Materials Letters，1998，33（5-6）：321-326.

[64] Fukunaga O，Nakano S，Taniguchi T. Nucleation and growth of cubic boron nitride using a Ca-B-N solvent[J]. Diamond and Related Materials，2004，13（9）：1709-1713.

[65] 吉晓瑞，杨大鹏，杨晓红，等. 高温高压合成立方氮化硼的热力学分析[J]. 高压物理学报，2009，23（6）：467-470.

[66] Endo T，Fukunaga O，Iwata M. Growth pressure-temperature region of cubic BN in the system BN-Mg[J]. Journal of Materials Science，1979，14（6）：1375-1380.

[67] Endo T，Fukunga O，Iwata M. Precipitation mechanism of BN in the ternary system of B-Mg-N[J].

Journal of Materials Science，1979，14（7）：1676-1680.

[68] 徐晓伟，邹广田，张铁臣，等. Mg_3N_2 和 $Mg_3B_2N_4$ 触媒的研究[J]. 高压物理学报，1992，6（4）：279-284.

[69] Kubota Y，Taniguchi T. Synthesis of cubic boron nitride using Ni-Mo as a solvent[J]. Japanese Journal of Applied Physics，2007，47（11）：8375-8378.

[70] Nakano S，Ikawa H，Fukunaga O. Synthesis of cubic boron nitride using Li_3BN_2, $Sr_3B_2N_4$ and $Ca_3B_2N_4$ as solvent-catalysts[J]. Diamond and Related Materials，1993，3（1）：75-82.

[71] Kubota Y，Watanabe K，Tsuda O. Hexagnoal boron nitride single crystal growth at atmospheric pressure using Ni-Cr solvent[J]. Journal of Materials Chemistry，2007，46（11）：7388-7391.

[72] Kubota Y，Watanabe K，Taniguchi T. Synthesis of cubic and hexagonal boron nitrides by using Ni solvent under high pressure[J]. Japanese Journal of Applied Physics，2007，46（1）：311-314.

[73] Singhal S K，Park J K. Synthesis of cubic boron nitride from amorphous boron nitride containing oxide impurity using Mg-Al alloy catalyst solvent[J]. Journal of Crystal Growth，2004，260（1-2）：217-222.

[74] Polushin N I，Burdina K P. Cubic boron nitride synthesis by pyrolysis of certain polyammoniates of boron hydrides of metals at high pressure[J]. Diamond and Related Materials，1997，6：987-990.

[75] Gameza L M，Shipilo V B，Savchuk V A. Investigation of sulphur additions on kinetic processes of cubic boron nitride crystallization in the Li-B-N-H system[J]. Diamond and Related Materials，1998，7（1）：32-34.

[76] Gladkaya I S，Kremkova G N，Bendeliani N A，et al. The binary system of BN-Mg_3N_2 under high pressures and temperatures[J]. Journal of Materials Science，1994，29：6616-6619.

[77] Devries R，Fleischer J. Phase equilibria pertinent to the growth of cubic boron nitride[J]. Journal of Crystal Growth，1972，13-14：88-92.

[78] Devries R C，Fleischer J F. The system Li_3BN_2 at high pressure and temperature[J]. Material Research Bullution，1969，4：433-442.

[79] 喻亮，茹红强，左良，等. c-BN 电子结构和光学性质的第一性原理计算[J]. 稀有金属材料与工程，2008，37：662-666.

[80] Chubarov M，Pedersen H，Hogberg H，et al. Boron nitride：a new photonic material[J]. Physica B，2014，439：29-34.

[81] Joly P L，Vacher B，Ohmae N. Anti-wear and friction reducing mechanisms of carbon nano-onions as lubricant additives[J]. Tribology Letters，2008，30：69-80.

[82] Tadac S，Hideo H，Tadashi E，et al. Effect of oxygen on the growth of cubic boron nitride using Mg_3N_2 as catalyst[J]. Jounal of Materials Science，1981，16：1829-1834.

[83] 杜勇慧，杨旭昕，吉晚瑞，等. 富硼体系中立方氮化硼晶体的生长[J]. 人工晶体学报，2007，35（6）：1268-1271.

[84] Mishima O，Era K，Tanaka J，et al. Ultraviolet light-emitting diode of a cubic boron nitride pn junction made at high pressure[J]. Applied physics letters，1988，53（11）：962-964.

[85] 张铁臣，王明光. 片状立方氮化硼合成及其导电特性研究[J]. 高压物理学报,1998,12（3）:168-173.

[86] 杨大鹏，吉晓瑞，李英爱，等．锂基触媒体系中不同形状立方氮化硼晶体的高压合成[J]．高压物理学报，2010，24（3）：237-240.

[87] Du Y H，Su Z P，Yang D P，et al. Synthesis of black c-BN single crystal in h-BN-Li$_3$N-B system[J]. Materials Letters，2007，61（16）：3409-3412.

[88] Vereshchagin L F，Gladkaya I S，Dubitskii G A，et al. Nauk SSSR Neorg[J]. Materials，1979，16：256-260.

[89] Gonna J V，Meurer H J，Nover G. In-situ investigations of the reversible h-BN-c-BN-h-BN catalyst system using synchrotron radiation[J]. Materials Letters，1998，33：321-327.

[90] Sung J. Graphite-diamond transition under high pressure：A kinetics approach[J]. Journal of Materials Science，2000，35（23）：6041-6054.

[91] Xu B，Li M S，Cui J J，et al. An investigation of a thin metal film covering on HPHT as-grown diamond from Fe-Ni-C system[J]. Materials Science and Engineering A，2005，396：352-359.

[92] Yin L W，Li M S，Cui J J，et al. Diamond formation using Fe$_3$C as a carbon source at high temperature and high pressure[J]. Journal of Crystal Growth，2002，234（1）：1-4.

[93] Yin L W，Li M S，Gong Z G，et al. A relation between a metallic film covering on diamond formed during growth and nanosized inclusions in HPHT as-grown diamond single crystals[J]. Applied Physics A：Materials Science & Processing，2003，76（7）：1061-1065.

[94] Putyatin A A，Makarova O V，Semenenko K N. Interaction in the Fe-C system at high pressure and temperature[J]. Sverk. Mater，1989，11：1-7.

[95] Mullin J W. 结晶学[M]. 北京：世界图书出版公司，2000：117-121.

[96] 边秀房，王伟民，李辉，等．金属熔体结构[M]．上海：上海交通大学出版社，2003：80-82.

[97] Xu B，Li M S，Yin L W，et al. Microstructures of metallic film and diamond growth from Fe-Ni-C system[J]. Chinese Science Bulletin，2002，47（15）：1258-1263.

[98] Xu B，Li M S，Yin L W，et al. Effect of metallic film in diamond growth from a Fe-Ni-C system at high temperature and high pressure[J]. Chinese Physics Letters，2003，20（5）：753-756.

[99] 许斌，李木森，尹龙卫，等．金属包膜的结构与铁基触媒合成金刚石的生长[J]．科学通报，2002，47（9）：669-673.

[100] He D W，Akaishi M，Tanaka T. High pressure synthesis of cubic boron nitride[J]. Diamond and Related Materials，2002，10（3）：1465-1469.

[101] Taniguchi T，Yamaoka S. Spontaneous nucleation of cubic boron nitride single crystal by temperature gradient method under high pressure[J]. Journal of Crystal Growth，2001，222（3）：549-557.

[102] Turkevich V，Kulik O，Itsenko P，et al. Mechanism of cubic boron nitride formation and phase equilibria in the Mg-BN and AlN-BN systems[J]. Innovative Superhard Materials and Sustainable Coatings for Advanced Manufacturing，2005：309-318.

[103] 杨旭昕，杜勇慧，杨大鹏. 准八面体 c-BN 单晶的合成研究[J]. 金刚石与磨料磨具工程，2007，158（2）：22-24.

[104] Le Y K，Oechsner H. On the influence of substrate temperature for cubic boron nitride growth[J]. Thin Solid Films，2003，437（1-2）：83-88.

[105] Liu Q X，Wang C X，Yang G W. Nucleation thermodynamics of cubic boron nitride in pulsed-laser ablation in liquid[J]. Physical Review B，2005，71（15）：155422-155426.

[106] Hao X P，Dong S Y，Fang W，et al. A novel hydrothermal route to synthesize boron nitride nanocrystals[J]. Inorganic Chemistry Communications，2004，7（4）：592-594.

[107] Eko A，Ukunaga O，Ohtake N. Morphology of cubic boron nitride crystals synthesized using（Fe，Co，Ni）-（Cr，Mo）-Al alloy solvents under pressure[J]. Diamond and Relatated Materials，2014，44：33-37.

[108] 许斌，杨红梅，郭晓斐，等. 静态高温高压 c-BN 单晶合成与触媒相关性研究进展[J]. 人工晶体学报，2012，41（4）：1-6.

[109] 张克丛，张乐惠. 晶体生长科学与技术[M]. 北京：科学出版社，1997：55-60.

[110] Shipilo V，Gameza L，Smolyarenko E. Processes of nucleation and growth of crystals of the sphalerite modification of boron nitride[J]. Powder Metallurgy and Metal Ceramics，1988，27（1）：69-75.

[111] Turkevich V Z. Phase diagrams and synthesis of cubic boron nitride[J]. Journal of Physics：Condensed Matter，2002，14（44）：10963.

[112] Lorenz H，Peun T，Orgzall I. Kinetic and thermodynamic investigation of c-BN formation in the system BN-Mg$_3$N$_2$[J]. Applied Physics A：Materials Science & Processing，1997，65（4）：487-495.

[113] Turkevich V Z. Thermodynamic and kinetic aspects of spontaneus crystallization of diamond and cubic boron nitride[J]. Innovative Superhard Materials and Sustainable Coatings for Advanced Manufacturing，2005，200：17-30.

[114] 张克丛. 晶体生长[M]. 北京：科学出版社，1981：55-70.

[115] 闵乃本. 晶体生长的物理基础[M]. 上海：上海科学技术出版社，1982：102-109.

[116] 姚增连. 晶体生长基础[M]. 合肥：中国科学技术大学出版社，1995：35-39.

[117] 吉晓瑞，苏作鹏，杜勇慧，等. 化学反应直接成核生长立方氮化硼[J]. 金刚石与磨料磨具工程，2007，160（4）：25-31.

[118] Ji X R，Su Z P，Yang D P，et al. Direct nucleation and growth of c-BN by the chemical reaction[J]. Materials Letters，2008，62（10）：1721-1723.

[119] Wang C X，Yang Y H，Liu Q X，et al. Nucleation thermodynamics of cubic boron nitride upon

high-pressure and high-temperature supercritical fluid system in nanoscale[J]. Journal of Physical Chemistry B，2004，108（2）：728-731.

[120] Hohenberg P, Kohn W. Inhomogeneous Electron Gas[J]. Physical Review B, 1964, 136（3）: 864-871.

[121] Liu A Y，Cohen M L. Prediction of new low compressibility solids[J]. Science，1989，245（4920）: 841-842.

[122] Niu C，Lu Y Z，Lieber C M. Experimental realization of the covalent solid carbon nitride[J]. Science, 1993，5119（261）: 334-337.

[123] Zhang Z J，Fan S，Huang J，et al. Diamondlike properties in a single phase carbon nitride solid[J]. Applied Physics Letters，1996，68（19）: 2639-2641.

[124] Yu K M，Cohen M L，Haller E，et al. Observation of crystalline C_3N_4[J]. Physical Review B，1994，49（7）: 5034-5036.

[125] Lam P K，Cohen M L. Ab initio calculation of the static structural properties of Al[J]. Physical Review B，1981，24（8）: 4225-4226.

[126] Wentzcovitch R M，Chang K，Cohen M L. Electronic and structural properties of BN and BP[J]. Physical Review B，1986，34（2）: 1071-1079.

[127] Wentzcovitch R M，Cohen M L，Lam P K. Theoretical study of BN，BP，and BAs at high pressures[J]. Physical Review B，1987，36（11）: 6058-6068.

[128] Ooi N，Adams J B. Ab initio studies of the cubic boron nitride（110）surface[J]. Surface Science，2005，574: 269-286.

[129] Li Y B，Jiang H X，Yuan G Z，et al. Electronic structure and impurity states of S-doped c-BN：A first-principle study[J]. Journal of Alloys and Compounds，2012，531: 82-85.

[130] Guerini S，Miwa R H，Schmidt T M，et al. Theoretical investigation of the h-BN（0001）/c-BN（111）interface[J]. Diamond and Related Materials，2008，17（11）: 1963-1968.

[131] Lynch R W，Drichamer H G. Effect of high pressure on the lattice parameters of diamond，graphite，and hexagonal boron nitride[J]. The Journal of Chemical Physics，1966，44（1）: 181-183.

[132] Arenal R，de la Peña F，Stéphan O，et al. Extending the analysis of EELS spectrum-imaging data, from elemental to bond mapping in complex nanostructures[J]. Ultramicroscopy，2008，109（1）: 32-38.

[133] Golberg D，Bando Y，Mitome M，et al. Preparation of aligned multi-walled BN and B/C/N nanotubular arrays and their characterization using HRTEM，EELS and energy-filtered TEM[J]. Physica B：Condensed Matter，2002，323（1-3）: 60-66.

[134] Soto G，de la Cruz W，Farías M H. XPS，AES，and EELS characterization of nitrogen-containing thin films[J]. Journal of Electron Spectroscopy and Related Phenomena，2004，135（1）: 27-39.

[135] Egerton R F. 电子显微镜中的电子能量损失谱学[M]. 段晓峰，等译. 北京：高等教育出版社，

2011：79-86.

[136] 介万奇. 晶体生长原理与技术[M]. 北京：科学出版社，2010：123-130.

[137] Garvie R C. The occurrence of metastable tetragonal zirconia as a crystallite size effect[J]. Journal of Physical Chemistry，1965，69（4）：1238-1243.

[138] Ishihara K N，Maeda M，Shingu P H. The nucleation of metastable phases from undercooled liquids[J]. Acta Metallurgica，1985，33：2113-2117.

[139] 胡赓祥，蔡珣，戎咏华. 材料科学基础[M]. 上海：上海交通大学出版社，2011：77-90.

[140] 易建宏. 金刚石合成过程的热力学分析[J]. 粉末冶金材料科学与工程，1996，4（2）：91-96.

[141] 王春生，雷永泉，吴京，等. 成核过程的热力学分析[J]. 人工晶体学报，1994，23（1）：50-55.

[142] Lorenz B，Lorenz H. Theory of catalytic high-pressure phase transition in boron nitride[J]. Semiconductor Science and Technology，1989，4（4）：288-289.

[143] 牟其勇，徐晓伟，范慧俐，等. Li_3N 在合成 BN 反应中的作用研究[J]. 人工晶体学报，2004，33（1）：40-42.

[144] Yin L W，Li M S，Xu B，et al. Step bunching behavior on（111）surface of diamond single crystal[J]. Chemical Physics Letters，2002，357：498-504.

[145] Lattemann M，Ulrich S，Ye J. New approach in depositing thick，layered cubic boron nitride coatings by oxygen addition-structural and compositional analysis[J]. Thin Solid Films，2006，515（3）：1058-1062.

[146] Huq A，Richardson J W，Maxey E R，et al. Structural studies of Li_3N using neutron powder diffraction[J]. Journal of Alloys and Compounds，2007，436（1）：256-260.

[147] Taniguchi T，Sato T，IJtsumi W，et al. In-situ X-ray observation of phase transformation of rhombohedral boron nitride under static high pressure and high temperature[J]. Diamond and Related Materials，1997，6（12）：1806-1815.

[148] Bogdanov S. Influence of superstoichiometric boron on the synthesis of cubic boron nitride[J]. Glass Physics and Chemistry，2008，34（3）：336-339.

[149] Shirley E L. Theory and simulation of resonant inelastic X-ray scattering in s-p bonded systems graphite hexagonal boron nitride，diamond，and cubic boron nitride[J]. Journal of Electron Spectroscopy and Related Phenomena，2000，110-111（10）：305-321.

[150] 章晓中. 电子显微分析[M]. 北京：清华大学出版社，2006：103-109.

[151] 程光煦. 拉曼布里渊散射原理及应用[M]. 北京：科学出版社，2001：111-115.

[152] Weber W H，Merlin R. Raman Scattering in Materials Science[M]. Berlin：Springer，2000：55-59.

[153] McCreery R L. Raman Spectroscopy for Chemical Analysis[M]. New York：John Wiley & Sons，2000：79-83.

[154] Ren C，Chen Z G ，Jia G ，et al. Absorption Related to Electrochromism in Cubic Boron Nitride

Single Crystals[J]. Chinese Physics Letters，2009，26（6）：067804.

[155] 张铁臣，杨钧，赵永年，等. 高压合成立方氮化硼的振动光谱[J]. 高压物理学报，1992，6（1）：30-36.

[156] James H E. Properties of Group Ⅲ Nitrides. London：INSPEC，1994：99-110.

[157] 陈立学，朱品文，马红安，等. c-BN 晶体的 Raman 光谱测量[J]. 高压物理学报，2008，22（1）：67-71.

[158] Chiang C I，Meyer. Isothermal h-BN phase transformation in sputtered boron nitride thin films[J]. Solid State Communications，1995，99（2）：135-138.

[159] Kutsy O，Yan C，Ye Q，et al. Studing cubic boron nitride by Raman and infrared spectroscopies[J]. Diamond and Relatated Materials，2010，19：968-971.

[160] Zhigadlo N D. Crystal growth of hexagonal boron nitride（h-BN）from Mg-B-N solvent system under high pressure[J]. Journal of Crystal Growth，2014，402：308-311.

[161] Ono S，Mibe K，Hirao N，et al. In situ Raman spectroscopy of cubic boron nitride to 90 GPa and 800 K[J]. Journal of Physics and Chemistry of Solids，2015，76：120-124.

[162] Chattarji D. Theory of Auger Transitions[M]. London：Academic Press，1976：73-80.

[163] 周清. 电子能谱学[M]. 天津：南开大学出版社，1995：117-120.

[164] Joyner D J，Hercules D M. Chemical bonding and electronic structure of B_2O_3，H_3BO_3，and BN：An ESCA，Auger，SIMS，and SXS study[J]. The Journal of Chemical Physics，1980，72（2）：1095.

[165] Hanke G. Low energy Auger transitions of boron in several boron compounds[J]. Journal of Vacuum Science & Technology A，1984，2（2）：964-968.

[166] 朱永法，郑斌，姚文清，等. 电子能谱线形分析研究碳物种的化学形态[J]. 分析化学，1999，27：10-13.

[167] Thomas A C. Photoelectron and Auger Spectroscopy[M]. New York：Springer，2012：123-125.

[168] Trehan R，Lifshitz Y，Rabalais J. Auger and X-ray electron spectroscopy studies of h-BN，c-BN，and N^{2+} ion irradiation of boron and boron nitride[J]. Journal of Vacuum Science & Technology A，1990，8（6）：4026-4032.

[169] 侯丽新. 颜色分析的片状立方氮化硼单晶的特性研究[D]. 吉林：吉林大学，2012：37-48.

[170] Haensel T，Uhlig J，Koch R J，et al. Influence of hydrogen on nanocrystalline diamond surfaces investigated with HREELS and XPS[J]. Physica Status Solidi（a），2009，206（9）：2022-2027.

[171] DeVries J E. Surface characterization methods-XPS，TOF-SIMS，and SAM a complimentary ensemble of tools[J]. Journal of Materials Engineering and Performance，1998，7（3）：303-311.

[172] Hou L X，Chen Z G，Liu X H，et al. X-ray photoelectron spectroscopy study of cubic boron nitride single crystals grown under high pressure and high temperature[J]. Applied Surface Science，2012，258（8）：3800-3804.

[173] Guimon C，Gonbeau D，Pfister-Guillouzo G，et al. XPS study of BN thin films deposited by CVD on SiC plane substrates[J]. Surface and Interface Analysis，1990，16：440-445.

[174] Singh B P. Characterization of cubic boron nitride compacts[J]. Materials Research Bulletin，1986，21（2）：85-92.

[175] Benkoa E，Barrb T L，Hardcastlec S，et al. XPS study of the c-BN-TiC system[J]. Ceramics International，2001，27（6）：637-643.

[176] Moulder J F，Stickle W F，Sobol P E，et al. Handbook of X-ray Photoelectron Spectroscopy[M]. USA：Perkin-Elmer Corporation，1992：203-206.

[177] Schild D，Ulrich S，Ye J，et al. XPS investigations of thick，oxygen-containing cubic boron nitride coatings[J]. Solid State Sciences，2010，12（11）：1903-1906.

[178] 覃礼钊，张旭，吴正龙. XPS 表征类金刚石膜探讨[J]. 现代仪器，2005，6：18-20.

[179] 张滨，孙玉珍，王文皓. XPS 数据处理中的峰形和背景扣除[J]. 物理测试，2011，29（1）：18-23.

[180] Deng J X，Chen G H. Surface properties of cubic boron nitride thin films[J]. Applied Surface Science，2006，252：7766-7770.

[181] Wagner C D，Riggs W M，Davis L E. Handbook of X-ray photoelectron spectroscopy[M]. Minnesota：Perkin Elmer Corporation，1979：105-106.

[182] Watanabe M O，Itoh S，Mizushima K. Bonding characterization of BC_2N thin films[J]. Applied Physics Letters，1996，68（21）：2962-2964.

[183] Xiong Y H，Yang S，Xiong C S，et al. Preparation and characterization of c-BN ternary compounds with nano-structure[J]. Physica B：Condensed Matter，2006，382（1-2）：151-155.

[184] Widmayer P，Ziemann P，Boyen H G. Electron energy loss spectroscopy-An additional tool to characterize thin films of cubic boron nitride[J]. Diamond and Related Materials，1998，7：385-390.

[185] Keast V J，Scott A J，Brydson R，et al. Electron energy loss near edge structure-a tool for the investigation of electronic structure on the nanometre scale[J]. Journal of Microscopy，2001，203（2）：135-175.

[186] Yedra L，Eljarrat A，Arenal R，et al. EEL spectroscopic tomography：Towards a new dimension in nanomaterials analysis[J]. Ultramicroscopy，2012，122：12-18.

[187] Craven A J. The electron energy-loss near-edge structure（ELNES）on the N K-edges from the transition metal mononitrides with the rock-salt structure and its comparison with that on the C K-edges from the corresponding transition metal monocarbides[J]. Journal of Microscopy，1995，180（3）：250-262.

[188] McCulloch D G，Lau D W M，Nicholls R J，et al. The near edge structure of cubic boron nitride[J]. Micron，2012，43（1）：43-48.

[189] Schmid H K. Phase Identification in Carbon and BN Systems by EELS[J]. Microscopy Microanalysis Microstructures，1995，6（1）：99-111.

[190] Angseryd J，Albu M，Andrén H O，et al. A quantitative analysis of a multi-phase polycrystalline cubic